인류를 향한 경고,

기후변화

차우준 지음

기후변화는 더 이상 담론의 대상이 아닌
우리 생존의 문제이다.

PROLOG

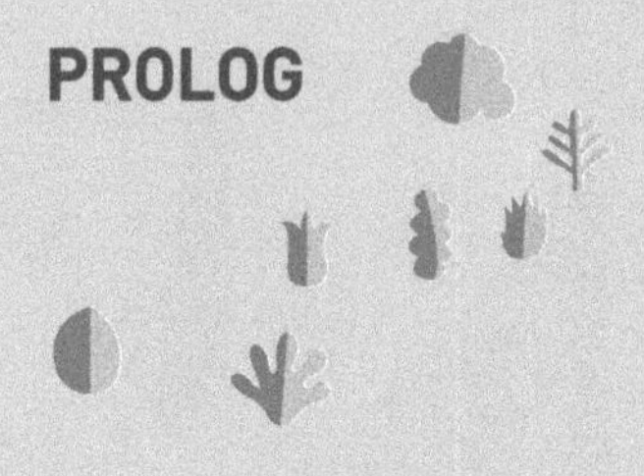

기후변화는 이제 더 이상 부정할 수 없는 사실이다. 지구촌 곳곳에서는 인류에게 심대한 피해를 주는 극심한 가뭄, 홍수, 강력한 태풍 등이 기후변화로 인하여 빈번히 발생하고 있다. 물론, 이 같은 이상기상은 기후변화 이전에도 발생하곤 했었다. 그러나 지금의 이상기상은 인류가 산업활동 등을 영위하면서 다량의 온실가스를 대기 중으로 배출하였고, 그로 인하여 지구의 기후시스템이 급격히 변화되며 발생하는 현상이라는 점에서 기후변화 이전의 이상기상과 다르다. 즉, 인류가 지속적으로 산업활동 등을 영위하는 한, 지금의 이상기상은 지속적일 수밖에 없고 더욱 심화될 수밖에 없다.

기후변화는 다양한 요인들이 복합적으로 반응하여 발생되는 현상이기에, 기후변화의 원인을 인류라고 단정하는 것은 어떤 이들에게 불편함을 주는 주장일지 모른다. 분명, 그럴 수 있다. 기후를 연구하는 학자들 사이에서도 기후변화의 원인에 대한 논쟁은 있기 때문이다. 그럼에도 불구하고, 인류는 기후변화의 주된 원인이다. 이것은 명백한 사실이다. 1차 산업혁명 이후 인류는 상당량의 온실가스를 현재까지 대기 중으로 배출하고 있으며, 이러한 인류의 행동은 지구의 기후시스템을 급격하게 변화시키고 있기 때문이다.

기후변화는 인류 생존의 문제이다. 지금은 자연재해가 국지적으로 일어나고 있지만, 머지않은 미래에는 그 재해가 전 지구적으로 일어날 수밖에 없다. 그때는 시기적으로 너무 늦었는지 모른다. 지구가 더 이상은 인류에게 삶의 터전으로서, 또 보금자리로서 역할을 못할지도 모르기 때문이다.

기후변화의 진행 속도를 지연시켜야 한다. 궁극적으로는 기후변화의 진행을 멈추고, 1차 산업혁명 이전의 대기 상태로 회복시켜야 한다. 1차 산업혁명 이전의 기후가 지금보다 인류에게 더욱 긍정적이었다고 확신하기는 어렵지만, 적어도 그 시기의 기후는 인위적인 변화가 시작되기 이전의 상태이기 때문에, 인류는 기후변화의 책임으로부터 자유롭다. 게다가, 그 시기의 기후는 적어도 지금처럼 전 인류를 위기로 내몰지는 않았다.

기후변화 문제의 해결은 전 인류가 욕심과 편리성 추구를 내려놓아야만, 그리고 전 인류가 하나의 공동체라는 인식을 가져야만 가능하다. 너와 나를 구분하고, 내가 누리는 현대 문명의 혜택을 포기하지 않고, 물질적 부의 축적을 더욱 많이 추구한다면, 기후변화는 결코 해결되지 않는 문제로 남겨질 것이다. 종국에 인류는 모든 것을 잃게 되는 미래를 맞이할 수밖에 없다.

이 책은 기후변화의 개념부터 발생원리, 인류가 겪는 기후변화로 인한 문제들, 기후변화를 대응하는 방법 등을 비교적 상세하게 담고 있다. 독자들은 이 책을 읽으면서 기후변화에 대한 깊이 있는 이해를 가짐과 함께, 기후변화 대응을 위한 자신의 노력이 무엇인지 생각해보기를 바란다. “개인의 작은 움직임은 결과적으로 큰 사회적 움직임이 된다.” 이 책은 분명 독자들의 작지만 위대한 움직임에 도움이 될 것이다.

CONTENTS

❖ 프롤로그_2

CHAPTER 01

기후변화는 무엇인가?

기후변화의 정의_12 | 과학적 이해_17

CHAPTER 02

기후변화의 증거들, 그리고 원인

더워지고 있는 지구_48 | 인간 활동과 온실가스_60 | 봄꽃 개화시기와 산림기후대의 변화_62 | 극지의 해빙면적 감소_65 | 인구의 급증, 모든 증거들의 원인?_68

CHAPTER 03

직면하고 있는 문제들

지도상에서 사라져가는 지역들_81 | 급변하고 있는 지구 생태계_84 | 이상기상_88 | 그 외의 문제들_98

CHAPTER 04

기후변화협약, 인류를 위한 약속

기후변화협약(교토의정서까지)_108 | 신 기후체제, '파리협정'_113 | 기후변화협약의 핵심은?_118

CHAPTER 05

신재생에너지 발전, 지속가능한 발전(發電)?

태양에너지_124 | 풍력발전_128 | 해양에너지_133 | 지열발전_142 | 폐기물에너지_146 | 수소에너지_153 | 그 외_159 | 원자력발전과 핵융합발전, 이것들은 신재생에너지 발전방식일까?_169

CHAPTER 06

온실가스 배출권거래제, 시장에서 해결하기

온실가스 배출권거래제의 개념_182 | 온실가스 배출권거래제의 영향_187 | 온실가스 배출권거래제와 우리 사회의 태도_191

CHAPTER 07

이산화탄소 포집 및 저장, 기후변화 이전의 대기 상태로!

이산화탄소 포집 및 저장의 개념_200 | 해양에서 처리하기(해양 CCS)_204 | 지중에서 처리하기(지중 CCS)_208 | 바이오매스와 연계하여 처리하기(광합성 생물 CCS)_212

CHAPTER 08

그린 어바니즘, 도시는 해결할 수 있을까?

왜, 도시인가?_220 | 그린 어바니즘_222

CHAPTER 09

보이지 않는 손은 지구를 구하지 못할 것이다

인간의 본성에 대한 고찰_231 | 서로 다른 이해관계_234 | '보이지 않는 손'의 한계_240 | 몬트리올의 정서는 무엇이 다른가?_241 | 보이지 않는 손은 지구를 구하지 못할 것이다_245

❖ 에필로그_247

❖ 참고자료_248

기후변화는 무엇인가?

01
CHAPTER

인류를 향한 경고,

기후변화

01 CHAPTER
기후변화는 무엇인가?

기후변화(Climate Change)[1], 이것은 이제 전 세계 대다수의 사람들에게 익숙한 용어가 되어버렸다. 불과 2000년대 초까지만 하더라도 '기후변화'는 대기과학자, 해양학자, 환경학자 등 소수의 학자/전문가들을 중심으로 언급되던 용어였는데 말이다.

기억이 선명하지는 않지만 내 고등학교 시절까지만 하더라도 과학칼럼이나 TV 프로그램 등에서 몇몇 과학자들은 머지않은 미래에 큰 빙하기가 찾아와 인류를 포함한 상당수의 지구 생명체들이 멸종 위기에 처하게 될 것이라고 말했다. 그들은 '소행성의 지구 대충돌'과 '대형 화산의 폭발', 바로 이것들이 큰 빙하기를 초래하는 원인이라고 주장했다.

그들의 주장은 과학적으로 매우 그럴 듯해 보였다.

첫째, '소행성의 지구 대충돌' 시나리오를 살펴보자. 웬만큼 작은 크기의 운석들은 지구를 향하게 되면 대기권으로 진입함과 동시에 마찰열에 의하여 대부분 연소가 되어 없어지거나 아주 작은 크기의 운석들만 지표면으로 떨

1) 일각에서는 기후변화라는 표현보다 지구온난화라는 표현을 더욱 즐겨 사용하기도 한다. 그 이유는 지구온난화가 현재의 주된 기후변화이기 때문이다.

어지게 되어 지구에 미미한 영향을 미친다. 하지만 상당한 크기를 가지는 소행성이라면 대기권을 통과하고서도 그 부피와 질량이 결코 작지 않다. 그렇게 그 소행성이 지구 표면으로 충돌하게 되면 매우 큰 폭발력과 파괴력으로 지구의 상당 부분을 황폐화하고[2], 지구의 자전축에도 변화를 주어 지구환경(기상과 기후)을 변화시킨다. 뿐만 아니라, 소행성이 지구와 충돌을 하면서 발생되는 먼지들은 대기 중으로 올라가 일종의 막을 형성하고, 그 막은 지구로 유입되는 태양에너지를 차단하고 반사시켜 지구평균기온을 하강시킨다. 결국, 지구는 소행성의 대충돌로 인하여 황폐화와 함께 빙하기를 맞이하게 된다.

둘째, '대형 화산의 폭발' 시나리오를 살펴보자. 일반적으로 화산은 폭발할 때 용암을 토해내면서 지구 심층부에 존재하는 여러 가스들과 화산재도 지상으로 방출한다. 이때 지상으로 방출되는 가스들과 화산재, 특히 화산재는 화산 폭발의 힘에 따라 매우 높은 대기층까지 올라가게 되는데, 대기층으로 올

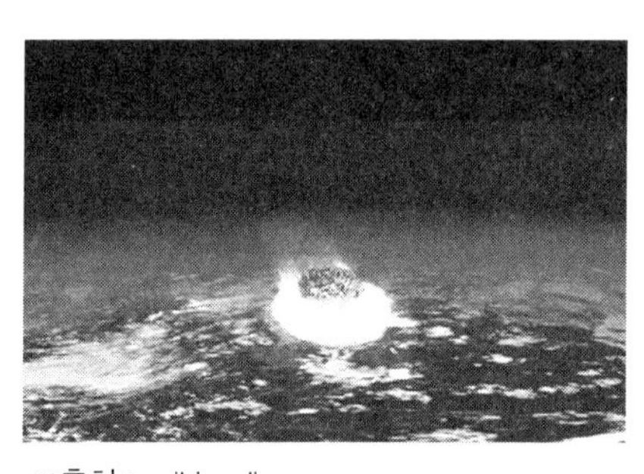

※출처 : wikipedia.org

그림 1.1 소행성의 충돌(좌)[2]과 대형 화산의 폭발(우)[3]

---

2) 수만 km/h의 무서운 속도로 떨어지는 운석(혹은 소행성)의 파괴력은 실로 가공할 만하다. 지름이 수백 m인 운석이 지상에 떨어지면 과연 어떤 일이 일어날까? 그 순간의 파괴력은 히로시마 원자폭탄 수십만 개를 한꺼번에 터뜨린 것과 맞먹을 것이다.[1]

라간 다량의 화산재는 일정 시간 동안 그곳에 체류하면서 먼지막을 형성한다. 그 먼지막은 '소행성의 지구 대충돌'의 시나리오에서와 같이 지구로 오는 태양에너지를 차단하고 우주 밖으로 반사시켜 지구의 평균 온도를 하강시킨다. 결국, 지구는 빙하기를 맞이하게 된다.

이러한 주장들이 과학적으로 일리가 있다고 적지 않은 사람들에게 공감을 얻으면서, "지구는 빙하기로 종말을 맞이할 것이다."라는 예언 아닌 예언은 힘을 받게 되었다. 언제일지는 모르지만 지구에 찾아올 빙하기를 준비하자는 움직임이 일각에서 나타나기도 했다. 지금에 와서 생각해 보면, 당시에는 정반대의 시나리오에 대해서 걱정과 우려를 했었다. 현재는 지구가 더워져서 인류가 위기를 겪을 것이라 걱정하고 있는데, 불과 20~30여 년 전까지는 지구가 추워져서 인류가 위기를 겪을 것이라고 걱정했으니 말이다.

현재 지구에 빙하기가 와서 인류가 위기에 처할 것이라고 생각하는 사람은 극히 소수일 것이다. 어쩌면 상당수의 사람들은 "지구가 조금이라도 차가워졌으면……."이라고 바라고 있는지 모른다. 솔직히 나는 그러한 생각을 하는 사람들 중 한 명이다.

"불과 20여 년 정도밖에 안 된 지금[3], 왜 전 세계인들은 기후변화에 대한 걱정과 우려를 하고 있는 것일까?"

이 질문에 대한 답은 다음과 같다. 지구 빙하기는 언제 닥칠지 모르는 예측 불가능한 미래에 대한 우려인 반면, 기후변화(즉, 지구온난화)[4]는 현재 과학

---

3) 이 글을 작성하고 있는 시기는 2017년의 가을이다. 여기서 '지금'이라는 표현은 2010년대 후반을 가리킨다고 보면 좋을 것이다.

4) 현대의 사람들은 기후변화를 '지구온난화'와 개념을 동일시하는 경향이 있다. 그러나 엄격히 구분하자면 기후변화와 지구온난화는 다르다. 왜냐하면 기후변화는 인간의 활동으로 인해 기후가 급격하게 변화(예를 들면, 지구의 평균 온도가 더워지거나 또는 추워지거나)하는 것을 가리키기 때문이다. 즉, 지구온난화는 기후변화의 한 형태라고 말할 수

적인 근거들에 의해서 입증되고 있는 우리가 직면한 현실임과 동시에 머지않은 미래에 닥칠 예측 가능한 위협이기 때문이다. 물론 과학적인 근거들로 기후변화에 의한 위험들을 제시하고 있음에도 불구하고, "그것은 말도 안 되는 헛소리"라고 치부해버리는 사람들도 있다. 그러나 그런 막무가내의 일부 사람들을 제외하고는 전 세계인들은 하루하루를 기후변화에 대한 걱정과 우려로 살아간다.

기후변화의 정의

"기후변화는 무엇일까?"

기후변화는 '기후'와 '변화'라는 단어가 합쳐져서 만들어진 합성어이다. 그래서 단어 그 자체로만 의미를 해석하자면 기후가 변화하는 것을 말한다.

그렇다면 여기서 "기후는 무엇일까?"라는 질문이 하나 더 생긴다.

기후를 이해하기 위해서는 '기상'이라는 단어를 함께 이해해야 한다. 기상이라는 단어는 사람들이 일상적으로 사용할 때 '날씨'라는 단어와 혼용하는 경우가 많다. 하지만 '기상'과 '날씨'는 엄연히 다르다. 날씨는 시간의 개념이 포함되어 하루 동안 특정 지역에 나타나는 대기현상(즉, 기상)이라고 정의할 수 있다. 반면에 기상은 특정 지역에서 특정 순간 동안 나타나는 대기현상이다. 그리고 기후는 특정 지역에서 오랜 기간 동안 나타난 평균적인 기상이라

있다. 영화 <투모로우(The Day After Tomorrow, 2004)>를 생각해 보자. 이 영화에서는 인간의 활동으로 인하여 지구가 꽁꽁 얼어붙어 버리는 재앙이 발생하는데, 이 역시 기후변화의 한 형태라고 말할 수 있다. 그럼에도 불구하고 대다수의 사람들이 지구온난화를 기후변화라고(또는 기후변화를 지구온난화라고) 말하여도 그다지 어색하지 않은 이유는 현재 직면하고 있는 기후변화 문제가 지구온난화로 인해 빚어지고 있기 때문이다.

고 정의할 수 있다.5) 따라서 기상과 기후, 그리고 날씨의 상관관계를 나타내면 다음과 같다.

『기후 ∋ 기상』『기후 ⊃ 날씨 ⊃ 기상』

기상과 기후, 그리고 날씨의 개념은 일상에서 우리들이 사용하고 있는 말을 통해서도 쉽게 이해할 수가 있다. 예를 들어보자. 김포시 유현마을에서 지금(2017년 9월 3일, 일요일, 13:15)의 기상을 이야기할 때 사람들은 "하늘에 한 점 구름 없이 햇살도 따스하고 기상이 좋네."라고 말한다. 그렇지만 같은 지역에서 오늘(2017년 9월 3일, 일요일)의 날씨를 이야기할 때 사람들은 "오늘은 맑고 따스한 하루였어."라고 말한다. 또 같은 지역에서 60년 동안 살아온 사람들이 그 지역의 기후를 이야기할 때 "김포시는 타 지역들에 비해 겨울이 다소 춥기는 하지만 사계절도 뚜렷하고 사람들이 살기 좋은 내륙성 기후를 나타낸다."라고 말한다.

이제는 다시 기후변화가 무엇인지에 대한 질문으로 돌아가도록 하자.

기후변화란 기후, 즉 '특정 지역에서 오랜 기간 동안 나타난 평균적인 기상'이 변화하는 현상이다. 그리고 이 기후변화는 특정 지역에 국한되는 현상이라기보다 지구적인 규모에서 일어나는 현상으로 바라보는 것이 일반적이다. 이러한 관점에서 기후변화는 '기후가 변화한다'는 의미를 가지는 단순한 합성어가 아닌 '지구의 기후가 변화하는 현상'을 지칭하는 일종의 고

---

5) 백과사전(두산백과)에서 기후는 '어느 장소에서 약 30년간의 평균기상 상황[4]'으로 정의되어 있다. 주목할 점은 기후를 정의함에 있어서 '약 30년'이라는 개념을 포함했다는 것이다.

유명사이다.

2007년 IPCC(Intergovernmental Panel on Climate Change)[6]가 발간한 보고서에서는 '기후변화'를 다음과 같이 설명하고 있다. "기후변화라 함은 기후의 변화를 말하며, 이는 통계적 방법으로 확인되는 몇십 년 이상 지속적인 평균값의 변화, 특성의 변화를 말한다. 기후변화는 내부과정에 의해 생길 수 있거나 외부강제력에 의해 생길 수 있다. 일사와 화산 활동의 변화 등 몇 가지 외부 영향은 자연적으로 발생하며, 이것은 기후계의 전반적인 자연변동에 기여한다. 산업혁명 이래 시작된 대기조성의 변화 같은 다른 외부 변화는 인간 활동의 산물이다."[6]

UNFCCC(United Nations Framework Convention on Climate Change)에서는 기후변화를 "인간 활동이 직·간접적인 원인이 되는 기후의 변화로, 비슷한 기간에 관측된 자연 변동성에 더해서 지구 대기의 구성을 변화시키는 것"[7]이라고 정의하고 있다.

IPCC와 UNFCCC의 정의를 토대로 '기후변화'를 다시 정의하면 "지구의 기후가 '인간 활동으로 인해' 자연스럽지 않게 변화하는 현상"이다. [그림 1.2]를 보면, 산업혁명 이후 인간 활동으로 인해 온실가스 농도가 급격히 높아지면서 지구 평균기온이 가파르게 증가하는 결과를 확인할 수 있다. 이 결과는 전술한 '기후변화의 재정의'에 대한 근거가 되고 있다.

---

6) IPCC(Intergovernmental Panel on Climate Change)는 기후변화와 관련된 전 지구적 위험을 평가하고 국제적 대책을 마련하기 위해 세계기상기구(World Meteorological Organization, WMO)와 유엔환경계획(United Nations Environment Programme, UNEP)이 1988년 11월에 공동으로 설립한 유엔 산하 국제 협의체이다.[5]

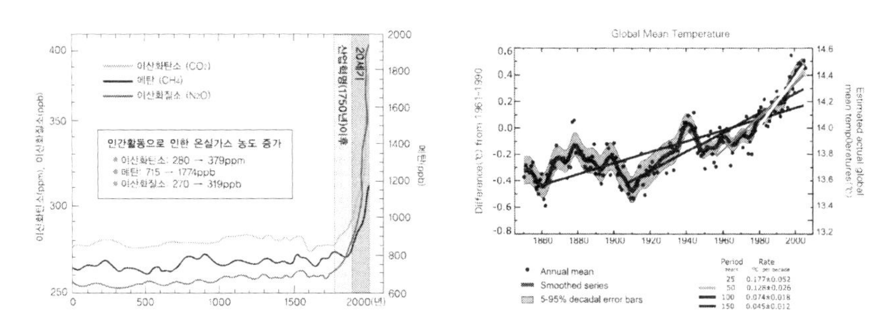

그림 1.2 온실가스 농도의 변화(좌), 지구 평균기온의 변화(우)[8]

여기서 기후변화와 함께 이해해야 하는 용어가 하나 더 있다. 그것은 바로 '기후변동성(climate variability)'이다. 이 두 용어는 각각의 의미를 정확하게 알고 있지 못하면 혼용할 가능성이 높다. 그 이유는 아마도 용어 자체가 우리에게 전달하는 '유사성 느낌' 때문이다. 실제로 기후변동성과 기후변화를 동일한 의미로 혼동하여 사용하는 경우가 있는데, 이것들은 엄연히 다르기 때문에 구분해서 사용해야 한다. 기후변동성은 ENSO(El Niňo-Southern Oscillation)와 AMO(Atlantic Multidecadal Oscillation)처럼 특정 주기를 가지며 자연적으로 발생하는 기상학적 변동성을 의미하는 반면, 기후변화는 이러한 자연적인 변동성과는 별도로 지구온난화 등(인간 활동에 상당한 영향을 받은)으로 기인하는 인위적인 변동성을 말한다.[9]

[그림 1.3]과 [그림 1.4]를 보자. 우선 [그림 1.3]은 현재 기후변화의 대표적인 사례로서, '지구의 평균 온도 변화'와 '지구의 평균 해수면 상승'을 보여주고 있다. 이 결과들은 일정한 주기를 가지고 있지 않으며, [그림 1.2]에서 확인한 온실가스 농도의 증가와 유사한 증가 추세를 나타내고 있다. 반면에 [그림 1.4]는 기후변동성의 대표적인 사례로서, [그림 1.3]과 확연히 다르다는 것을 확인할 수가 있다. [그림 1.4]를 보면, ENSO의 경우 3~7년 주기로 거의

반복적인 유사 패턴들이 나타나고 있음을 확인할 수 있으며, AMO의 경우에도 40~50년 주기로 패턴이 반복되는 것을 확인할 수 있다. 그리고 ENSO와 AMO, 즉 기후변동성은 기후변화와 달리 '인간 활동으로 인한 온실가스 농도 증가와 무관한' 결과들을 보여주고 있다. 따라서 기후변동성과 기후변화는 '인간 활동에 의한 영향을 받았는지'의 유·무로 구분할 수가 있다.

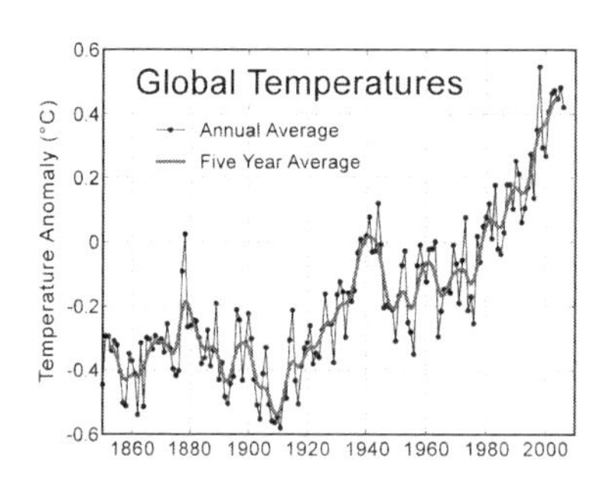

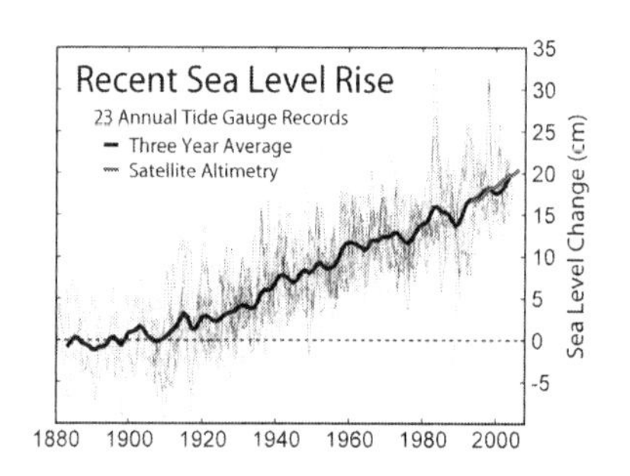

그림 1.3 지구의 평균 온도 변화(좌), 지구의 평균 해수면 상승(우)[9]

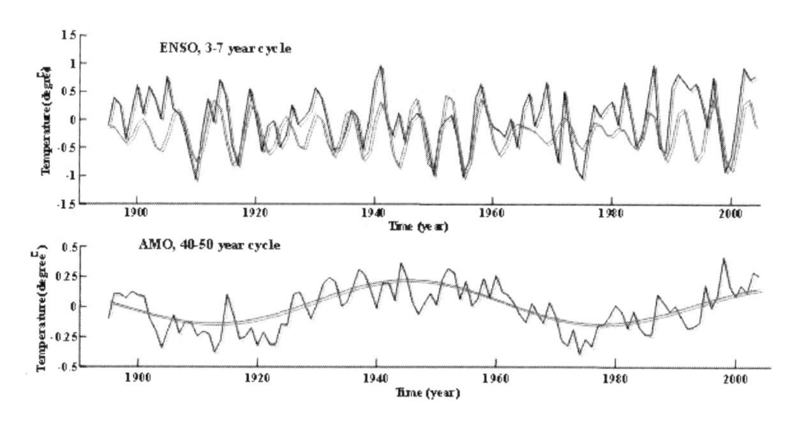

그림 1.4 기후변동성의 전형적인 사례인 ENSO(3~7년 주기)와 AMO(40~50년 주기)의 시계열[9]

과학적 이해

기후변화에 대한 문제는 기상/기후학, 환경과학 및 환경공학, 지질학, 천문학, 수문학, 화학 및 화학공학, 기계공학, 전기/전자공학, 경제학, 국제관계학, 정치/정책학, 행정학, 법학, 사회학, 철학, 심리학 등 매우 다양한 학문들이 서로 얽힐 수밖에 없다. 그러나 기후변화에 대한 이해는 과학적(상세하게는 '자연과학적')인 접근으로부터 시작하게 된다. 그 이유는 '기후변화라는 현상이 실제로 진행되고 있는지', 그리고 '그 근거들은 무엇인지'를 확인할 수 있는 방법이 과학적인 접근으로부터 시작하기 때문이다.

"기후는 왜 변하는가?", 그리고 "기후변화는 왜 발생하는가?"

지금부터는 이 두 질문에 답변을 하기 위하여 '기후가 변하는 과학적 원리'를 설명하도록 하겠다.[7] 과학지식이 적은 독자도 쉽게 이해할 수 있도록 설명을 할 것이니 흥미를 잃지 말고 잘 따라와 주기 바란다.

지구의 형태 및 운동

지구와 태양, 그리고 복사에너지는 '지구온난화' 현상을 포함하는 기후변화를 이해하는 데 있어서 상당히 중요한 개념이다. 기후를 포함한 지구상에

7) 기후가 변하는 과학적 원리는 매우 복잡한데, 그 이유는 기후변화의 요인들이 매우 다양하기 때문이다. 나는 이 책에 가급적 모든 기후변화의 요인들을 담으려고 노력했지만, 결과적으로 그러하지 못했다. 이 책에 포함되지 않은 '태양의 흑점 폭발'과 '지구의 자기장 변화'도 지구의 기후를 변화시키는 요인들이니 참고하기 바란다.

나타나는 대부분의 현상들이 에너지와 직·간접적인 관계가 있는데, 지구의 형태와 자전축, 자전 및 공전, 지구와 태양 사이의 거리 등은 그 에너지에 적지 않은 영향을 미치기 때문이다.

첫 번째로 지구의 형태에 따른 위도별 태양복사에너지의 양에 대해서 살펴보도록 하자. 우리가 살고 있는 지구는 원형이다. 물론 우리의 지구뿐만 아니라 태양과 태양계를 구성하는 행성들은 완벽한 원형이 아닐지라도 모두 원형을 이루고 있다. 이렇게 원형의 지구는, 특히 기울기를 가지는 원형의 지구는 동일한 태양복사에너지(Solar-radiation energy)[8]가 도달한다 하더라도 위도에 따라서 받아들이는 에너지의 양이 다르다.

이 내용을 쉽게 설명을 하기 위해서 [그림 1.5]를 보도록 하자. 지구로 도달하는 태양복사에너지 A, B, C는 모두 동일하다. 그러나 지구는 원형을 이루고 있기 때문에 태양복사에너지가 도달하는 표면적은 달라진다. 태양복사에너지가 지구의 표면과 직각(90°)으로 도달하는 위도에서는 상대적으로 좁은 면적에 그 에너지가 집중된다. 반면에 태양복사에너지가 지구의 표면과 평행해지는 위도일수록 상대적으로 넓은 면적에 그 에너지가 분산된다. 따라서 태양복사에너지가 도달하는 지구의 표면적은 북반구를 기준으로 위도가 높아질수록 넓어진다(Area : H 〈 G 《 F). 그리고 위도가 높아질수록 단위면적당 태양복사에너지의 양은 적어진다. 우리가 에콰도르나 말레이시아, 가봉, 브라질, 콜롬비아, 케냐 등과 같이 적도 인근에 위치한 국가들을 '덥다'라고 인식하고, 핀란드나 러시아, 그린란드, 미국의 알래스카 등과 같이 극지방

8) 태양은 표면 온도 6,000℃, 중심부 온도 약 1,500만℃로서 막대한 양의 열과 빛을 방출한다. 그러나 지구는 태양으로부터 약 1억 5,000만km 떨어져 있기 때문에 지구까지 도달하는 태양복사에너지의 양(지구의 태양상수)은 약 1.946cal/cm^{2}min에 지나지 않는다. 태양복사에너지는 수소가 원자핵 융합 반응에 의하여 헬륨으로 변할 때 발생하는 질량결손에 의한 에너지이다.[10]

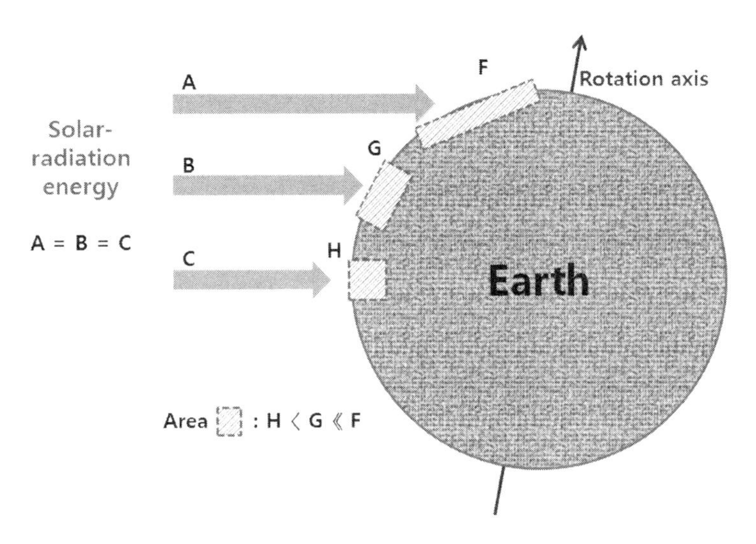

그림 1.5 지구 위도별 태양복사에너지 차이

인근에 위치한 국가들을 '춥다'라고 인식하는 이유가 바로 여기에 있다. 실제로도 그러하다.

결국, 지구의 형태[9]에 따라서 지구의 기후(환경)는 달라진다.

두 번째로 지구의 운동에 따른 태양복사에너지의 양에 대해서 살펴보도록 하자. 지구의 운동은 용어 그대로 지구의 현상학적인 물리적 운동을 의미한다. 지구의 운동을 결정하는 중요한 요인들은 자전축, 자전, 공전이다. 이 요인들의 영향을 받고 있는 지구의 운동에 의해서 태양복사에너지의 양이 달라지고, 지구의 기후도 크고 작은 영향들을 받는다는 것을 잘 설명하고 있는 이론이 '밀란코비치 주기(Milankovitch cycles)'이다.

밀란코비치(Meilutin Milankovitch, 1879~1958년)는 세르비아의 수학자이자 기술자이자 천체물리학자로서, 1904년 비엔나공과대학교(TU Wien)에서

9) 태양복사에너지가 집중되는 지역이 많은 형태, 또는 분산되는 지역이 많은 형태

박사학위를 취득한 이후, 1909년부터 1955년까지 베오그라드대학교에서 교수로 재직했다. 베오그라드대학교 교수 시절 밀란코비치는 이론물리학과 항성역학 등의 과목들을 가르쳤었고, 고대 기후에 대한 연구에 상당한 관심을 가지고 있었다. 그리고 1차 세계대전 중 '밀란코비치 주기' 이론을 정립하게 되었다. 이 이론은 밀란코비치가 고대 기후에 대한 연구(이해)를 위해서 중요한 부분이었다.

밀란코비치 주기 이론은 지구의 자전축, 자전, 공전이 지구의 기후에 영향을 미친다는 내용이 핵심이고, '공전궤도 이심률'과 '자전축 경사', '세차운동'이 변하면 지구로 도달하는 태양복사에너지의 양이 달라진다는 사실을 증명했다는 데 상당한 의미가 있다.

공전궤도 이심률(Orbital eccentricity)은 지구가 태양을 공전하는 궤도인 '공전궤도'와 타원[10)]이 원[11)]에서 얼마나 찌그러져있는지를 나타내는 '이심률'이 합해진 용어로서, 지구의 공전궤도가 원의 형태에서 얼마나 찌그러져 있는지를 나타내는 척도이다. 공전궤도 이심률은 지구의 계절과 기후를 결정하는 중요한 요인이다. 익히 우리가 중·고등학교 시절 배워서 알고 있듯이 공전궤도에 의해서 지구가 태양으로부터 가까워지면 여름이 되고 멀어지면 겨울이 되며 여름과 겨울의 중간 거리가 되면 봄 또는 가을이 되는데, 그 이유는 이 공전궤도 이심률이 변함에 따라 사계절(봄, 여름, 가을, 겨울)이 나타나는 기간이 길어지거나 짧아지기 때문이다.

지구의 공전궤도 모양은 시간이 지남에 따라서 거의 원에 가까운 형태(낮은 이심률 : 약 0.005)로부터 완만한 타원의 형태(높은 이심률 : 약 0.058)까지 변화하고, 평균 이심률은 0.028이다. 참고로 현재 지구의 공전궤도 이심률

---

10) 타원은 서로 다른 두 점에서 잰 거리의 합이 일정한 점들의 자취이다.[11]

11) 원은 평면 위의 한 점에서 일정한 거리에 있는 점들로 이루어진 곡선이다.[12]

은 0.017, 변화 주기는 100,000년으로 알려져 있다.[13,14]

자전축 경사(Axial tilt)는 용어 그대로 자전축의 경사(즉, 각도)를 의미하며, 이것은 황도경사12)에 대하여 약 41,000년의 주기로 22.1°에서 24.5°까지 변화한다.[15] 현재의 자전축 경사는 황도경사를 기준으로 23.44°로, 양 극단 값의 중간 값 정도이다. 지구의 기후 결정에 자전축 경사가 중요한 이유는 이 값이 커지고 작아짐에 따라서 여름과 겨울에 더욱 많거나 적은 태양복사에너지를 받게 되기 때문이다. 즉, 자전축 경사의 증감에 따라서 연평균 지구의 온도는 높아지거나 낮아지게 된다.

세차운동(Axial precession)은 지표로 삼을 수 있는 특정한 항성(별)을 기준으로 상대적인 지구의 자전축 방향이 변화(회전이동)하는 것을 가리키며, 약 25,771.5년의 주기를 가진다. 세차운동을 쉽게 이해하고자 한다면 회전하는 팽이를 생각해 보자. 팽이가 회전하면서 팽이의 여러 조건들로 인하여 팽이의 축이 변화하는 현상이 바로 세차운동이라고 볼 수 있다. 지구는 세차운동에 따라서 각 계절에 남반구와 북반구가 태양으로부터 받는 복사에너지 양이 달라지고, 이것은 결국 지구의 기후에 직·간접적인 영향을 미치게 된다.

[그림 1.6]은 '밀란코비치 주기' 이론에 입각하여 나타낸 것이며, 공전궤도 이심률, 자전축 경사, 세차운동에 따라서 지구가 가지게 되는 사계절 및 그 기간의 차이를 이해하기 쉽게 보여주고 있다. 그렇기 때문에 이 그림을 참고하면 지구의 기후가 결정됨에 있어서 '공전궤도 이심률'과 '자전축 경사', '세차운동'이 왜 중요한지를 이해할 수 있다.

12) 황도경사(obliquity of the ecliptic)는 지구 자전축의 경사, 즉 지구 자전축과 황도면(태양계의 천체가 놓여있는 면) 사이의 각도를 말한다.[16]

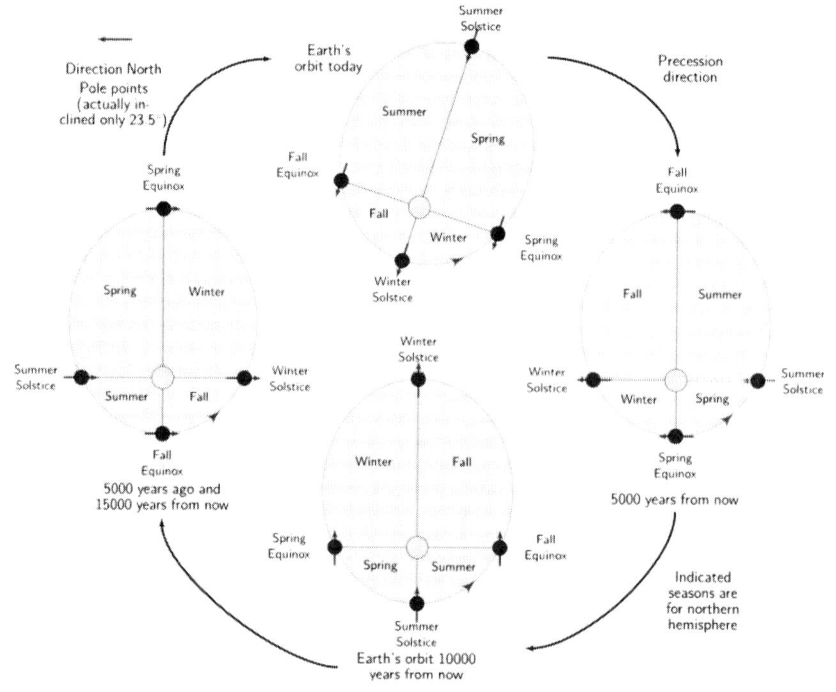

※출처 : wikipedia.org

그림 1.6 지구 사계절의 변화 주기[15]

지구의 대기

지구의 대기는 지구의 기후를 결정하는 중요한 요인들 중 하나이고, 현재의 기후변화 문제를 잘 설명할 수 있다. 지구의 대기를 구성하는 물질들13)의 화학적 조성은 온실효과와 밀접한 관계를 가지기 때문이다. '지구의 형태 및 운동'은 우주적 관점에서 태양복사에너지를 지구가 얼마나 받아들이게 되는지를 결정하는 요인이라고 말할 수 있다면, '지구의 대기'는 현재 지구의 형

13) 수증기, 가스, 미세입자 등

태 및 운동에 의해서 받아들이는 태양복사에너지가 지구복사에너지와 지구 내에서 에너지 균형(혹은 평형)을 이루고 온실효과를 나타내는 중요한 요인이라고 말할 수 있다.

[그림 1.7]은 태양복사에너지와 지구복사에너지가 지구 내에서 어떻게 에너지 균형을 이루고 있는지를 잘 보여주고 있다. 지구로 도달하는 태양복사에너지(341.3Wm^{-2})는 적지 않은 양이 지구 표면[14)]으로 흡수(161Wm^{-2})되지만 상당량은 지구 표면에서의 반사(23Wm^{-2}), 대기층에서의 흡수(78Wm^{-2}) 및 반사(79Wm^{-2})된다. 반면에 지구복사에너지(396Wm^{-2}+α)는 우주 밖으로 방출(239Wm^{-2})되거나 대기층에서 흡수된 후 지구 표면으로 방출(333Wm^{-2}) 등이 이루어진다. 태양복사에너지와 지구복사에너지는 지구에서 이처럼 복잡한 흡수, 방출, 반사 등의 과정을 반복하면서 전체적인 에너지 균형을 맞추고 있다.

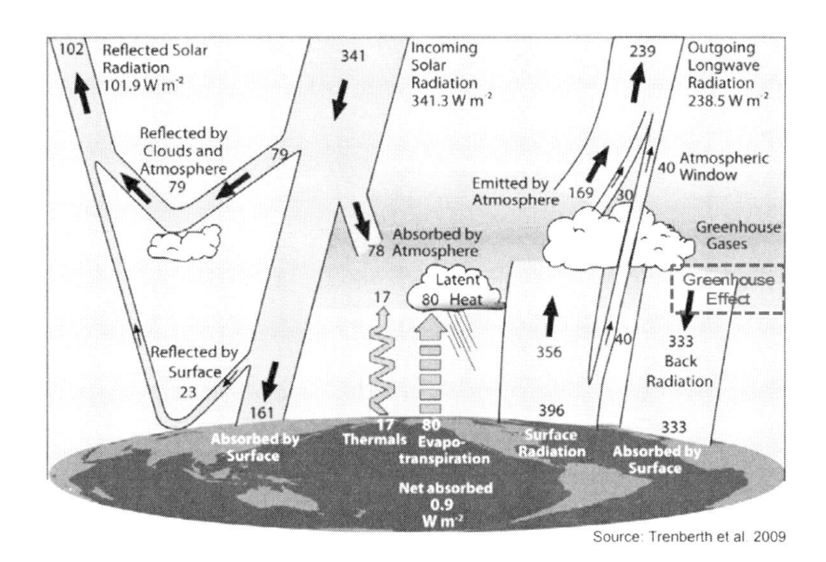

그림 1.7 지구 내에서의 에너지 균형[17]

14) 지구 표면은 지표면과 해수면을 통칭한다.

그러나 이 에너지 균형은 지구에서의 여러 요인들에 의해서 깨질 수 있는데, 그 중에서도 지구 대기층의 온실가스(Green House Gases, GHGs)는 그 균형을 급격하게 깨트릴 수 있다. 지구의 대기권은 생명체들의 생활공간인 대류권[15], 오존층이 위치하고 있는 성층권[16], 대기권에서 기온이 가장 낮은 중간권[17], 태양열을 직접 흡수하고 인공위성의 궤도로 이용되는 열권[18]으로 구성된다. 온실가스는 대부분 대류권에 위치하고, 일부는 성층권 이상으로 올라가 체류하기도 한다. 대기권의 공기는 잘 알려진 바와 같이 질소(N_2) 78.09%, 산소(O_2) 21.00%, 아르곤(Ar) 0.90%, 이산화탄소(CO_2) 0.04%, 그리고 메탄(CH_4)과 수증기(H_2O), 오존(O_3), 아산화질소(N_2O) 등의 기체들로 조성되어 있으며, 이 공기는 약 80%(질량을 척도로)가 대류권에 집중되어 있다([그림 1.8] 참고).[19]

온실효과는 다양한 파장의 태양복사에너지들 중 비교적 장파장인 적외선(Infrared ray, IR)[20]을 특정 기체가 흡수하고 다시 방출하는 메커니즘에 의해서 나타난다. 일반적으로 대기권의 공기를 구성하는 기체들 중 가장 많은 질소와 산소 등은 그 화학적 조성 및 결합구조로 인해 온실효과를 나타내지 않는다. 그렇지만 이산화탄소와 메탄, 수증기 등은 태양복사에너지 및 지구복사에너지로부터 적외선을 흡수하고 다시 그 물질의 안정적인 상태를 이루기

15) 지구 표면으로부터 약 10km 고도까지, Troposphere

16) 대류권 계면으로부터 약 45km 고도까지, Stratosphere

17) 성층권 계면으로부터 약 80km 고도까지, Mesosphere

18) 중간권 계면으로부터 약 1,000km 고도까지, Thermosphere

19) 대류권 공기 질량은 대기권 전체 공기 질량의 약 80%에 달한다.

20) 적외선은 약 750nm 이상 파장의 빛에너지(태양복사에너지)를 가리키며 붉은 색을 나타낸다. 우리가 일상에서 쉽게 접할 수 있는 적외선은 가정용(혹은 사무실용) 전기전열난로와 한의원 등에서 의료용으로 사용하는 전기전열찜질기에서 발광되는 따듯하고 붉은 색 빛이다.

위해서 흡수한 적외선을 방출하기를 반복한다. 바로 이것이 온실효과의 기본 메커니즘이다.

그렇다면 잠시 온실가스가 적외선을 어떻게 흡수하는지 살펴보자. 우선, 분자 진동방식의 수는 분자에 존재하는 원자의 개수(N)에 의해 달라진다. 선형

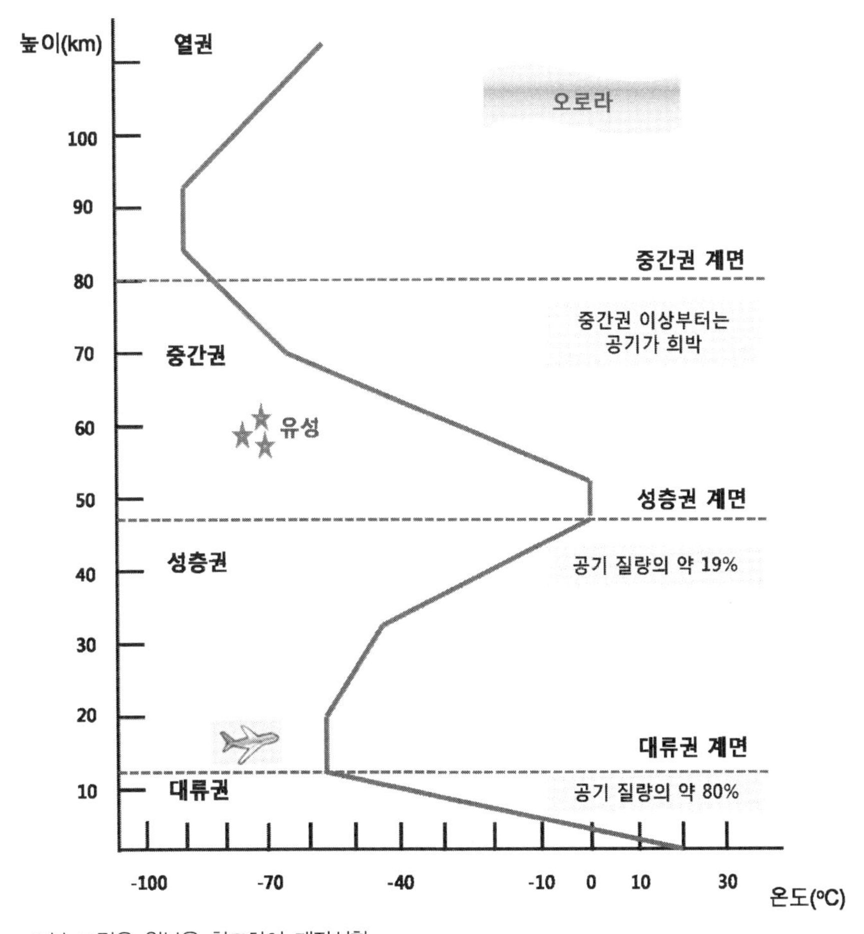

※본 그림은 원본을 참고하여 재작성함

그림 1.8 지구 대기권의 구조[18]

분자는 '3N-5'이고, 비선형 분자는 '3N-6'이다. 그래서 물(H_2O)은 진동방식이 3가지이고, 이들 모두는 진동할 때 쌍극자 모멘트가 변하면서 적외선(IR)을 흡수한다. 그리고 이산화탄소(CO_2)는 진동방식이 4가지이고, 그 중 3가지는 쌍극자 모멘트(Dipole moment)21)가 변하여 적외선을 흡수한다.[19] [그림 1.9]를 보자. (가)는 탄소(Carbon, C)를 중심으로 두 개의 산소(Oxygen, O)가 직선상 양방향으로 '대칭 신축운동'을 한다. 이 경우에는 쌍극자 모멘트가 '0'이 되어서 적외선을 흡수하지 못한다. 그렇지만 (나), (다), (라)는 '비대칭 신축운동'과 '가위질 굽힘진동'을 하는데, 이것들은 (가)와 달리 쌍극자 모멘트가 변하면서 적외선을 흡수하게 된다.

수증기나 이산화탄소 같은 이종의 다원자로 구성된 분자들은 쌍극자 모멘트가 변하면서 적외선을 흡수하는 반면, 산소나 질소, 아르곤 등과 같은 동종의 이원자 분자(혹은 단일 원자로 된 분자)들은 적외선을 흡수하지 않는다. 따라서 지구 대기권 공기의 대부분을 구성하고 있는 질소와 산소, 아

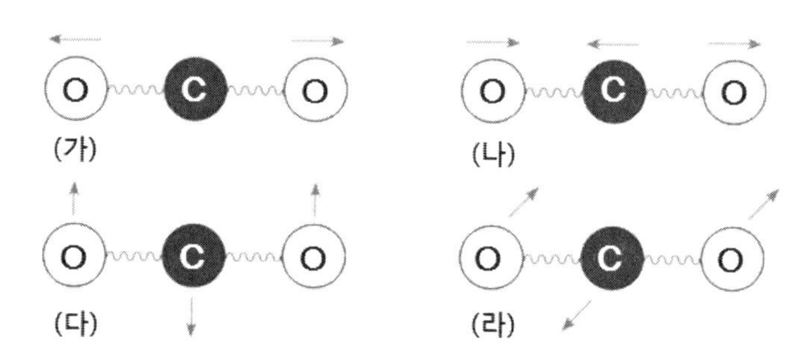

그림 1.9 이산화탄소의 진동방식[19]

21) 쌍극자 모멘트는 '이중극자 모멘트' 또는 '이극자 모멘트'라고도 불리며, 쌍극자 사이 두 극의 세기와 거리를 곱한 것을 말한다. 그리고 이것은 방향을 고려하여 음(-)극에서 양(+)극을 향하는 벡터로 나타낸다.[20]

르곤은 적외선을 흡수하지 않기 때문에 지구가 한없이 뜨거워지지는 않는다. 그러나 상대적으로 소량 존재하는 이산화탄소와 메탄 등의 기체들, 즉 온실가스에 의해서 지구는 일정 수준 온실효과를 가지게 된다. 지구 대기권 공기를 구성하는 기체들의 종류와 양은 지구의 기후를 변화시키는 중요한 요인이다.

온실효과(Greenhouse effect)에 대한 설명을 조금 더 자세히 해 보자. 작물이나 화초 등을 키우기에 충분히 따뜻하지 않은 지역에서는 그것들을 키우기 위해 통상 온실(Greenhouse)을 설치하고 이용한다. 그 온실은 투명한 비닐이나 유리로 만들어지는데, 이러한 온실의 구성적 특징으로 인하여 낮에 태양으로부터 받은 열에너지가 밤에 전량 방출되지 못하고 온실에 일부 갇히게 된다. 결국 온실은 갇히게 된 일부 태양복사에너지(즉, 열에너지) 때문에 실외온도보다 비교적 높은 실내온도를 유지할 수 있게 된다. 이 현상을 바로 온실효과라 부른다. [그림 1.10]은 작물을 재배하기 위하여 비닐로 만든 온실이다.

혹시 앞의 설명이 쉽게 이해가지 않는다면 다음의 예를 보자. 오늘은 무더운 여름날이다. 그리고 오후 평균 기온은 대략 33~34℃ 정도이다. 당신은 자동차를 몰고 서울에서 속초의 바닷가로 여행을 떠나는 중이다. 날이 덥기에

그림 1.10 온실의 모습[21]

당신은 자동차 내부의 에어컨을 시원하게 켜놓고 아이스 아메리카노를 마시며 운전을 하고 있다. 그런데 커피를 한 모금 마시던 중 과속방지턱을 만나 커피가 바지에 쏟아졌다. 그래서 바지의 얼룩을 닦아내기 위해 가까운 공용화장실로 향했다. 자동차를 주차한지 약 10여 분이 흘렀다. 그런 후 당신은 다시 주차된 자동차로 돌아와서 자동차의 문을 여는 순간 내부의 엄청난 열기를 느껴 바로 탑승을 하지 못했다. 내부 계기판을 보니 자동차 내부의 온도가 90℃임을 확인할 수 있었다.

자동차를 운전하는 사람이라면 누구나 한 번쯤 이러한 경험을 겪었으리라 생각한다. '아니, 그런데 온실효과를 설명하다가 뜬금없이 왜 자동차 이야기를 하는 거지?'라고 지금 의문을 가지는 독자가 있을지 모른다. 이 자동차 이야기는 온실효과를 설명하는 데 있어서 매우 중요하다. 왜냐하면, 자동차 내부의 온도가 외부의 기온과 달리 90℃까지 치달은 원인이 바로 온실효과이기 때문이다. 주차된 자동차로 내리 쬐이던 빛에너지가 자동차 유리창을 통과하여 내부로 도달한 이후 다시 외부로 빠져나가려 할 때, 자동차 유리에 의해서 적외선은 흡수 및 재방출 되고 내부의 온도는 급격히 상승한다. 바로 이것이 자동차에서 일어나는 온실효과이다.

지구의 온실효과는 작물 재배용 온실, 그리고 여름철 자동차 내부가 뜨거워지는 현상과 매우 유사한 메커니즘을 가진다. [그림 1.11]을 보자. 태양복사에너지가 지구로 도달할 때 그 에너지의 일부는 우주로 반사되어 나가지만, 또 다른 일부는 흡수되어 지구를 따뜻하게 하는 역할을 한다. 하지만 태양복사에너지를 흡수하기만 한다면 지구는 기온이 계속 상승하여 인간을 비롯한 생명체들이 살 수 없게 되어 버린다. 마치 종교에서 말하는 불지옥처럼 말이다. 그래서 지구는 에너지 균형(혹은 평형)을 맞추기 위하여 우주로 적지 않은 양의 지구복사에너지를 방출한다. 하지만 이때 지구 대기권에 체류하고

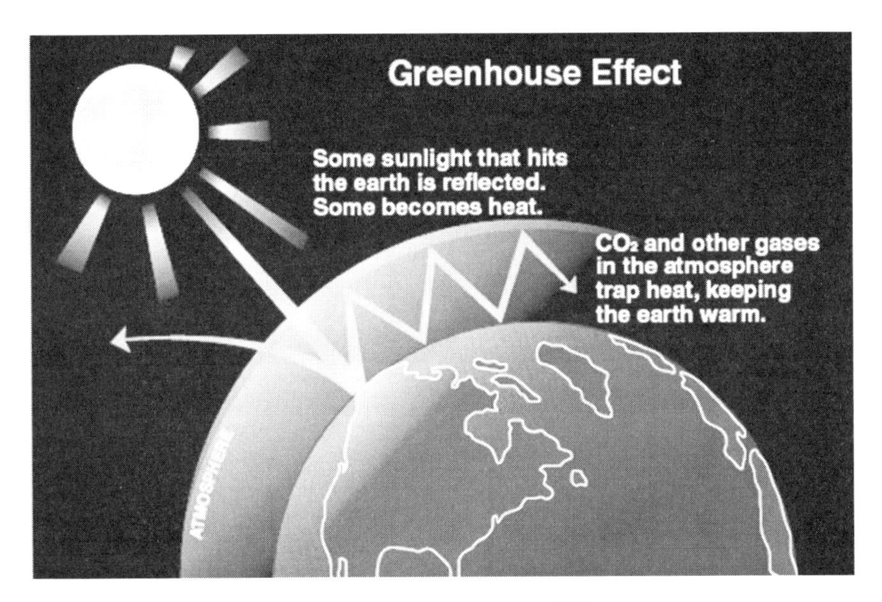

그림 1.11 지구의 온실효과[22]

있는 이산화탄소와 메탄, 아산화질소, 불소계 화합물(SF_6, PFCs, HFCs) 등[22]이 온실의 비닐(혹은 자동차의 유리)처럼 적외선을 선별적으로 흡수하고, 다시 지구 표면으로 방출하기를 반복한다. 그럼으로써 지구는 대기 중 온실가스의 양에 의해 생명체들이 살기에 적합한 일정 온도를 유지하게 된다. 만일 이 온실가스의 양이 대기권 내에 많아지게 되면 지구 내에 갇히는 적외선이 많아지게 되고 지구의 온도는 가파르게 상승하게 된다.

22) 지구온난화에 기여하는 '온실가스(Greenhouse gases, GHGs)'는 이산화탄소(CO_2), 메탄(CH_4), 아산화질소(N_2O), 수소불화탄소(HFCs), 과불화탄소(PFCs), 육불화황(SF_6)이 대표적이다.

지구의 탄소순환

지구의 탄소순환(Carbon cycle)은 대기권의 온실가스 양을 결정하는 데 중요한 역할을 한다. 지구의 탄소순환은 '행성 자체적인 자연활동에 의해서 이루어지는 것'과 '지구에서 살아가고 있는 인간 활동에 의해서 이루어지는 것'으로 구분된다. 자연활동에 의해서 이루어지는 지구의 탄소순환, 즉 '지구의 자연적 탄소순환'은 해수면 온도의 변화, 화산 폭발, 지진, 암석의 풍화, 식생의 분포, 생물종들의 대규모 멸종 및 출현 등이 주요 요인이다. 반면에 인간 활동에 의해서 이루어지는 지구의 탄소순환, 즉 '지구의 인위적 탄소순환'은 화석연료의 사용, 대규모 산업활동, 가축의 대량 사육 등이 주요 요인이다. 지구의 자연적 탄소순환은 장주기를 가지며 지구 규모에서 이루어지고, 지구의 인위적 탄소순환은 지구의 자연적 탄소순환보다 짧은 단주기를 가지며 지구 규모는 물론 국지적인 규모에서도 이루어진다. 이것이 우리에게 알려져 있는 일반적인 지구의 탄소순환에 대한 사실이다.

지구의 탄소순환을 좀 더 자세히 살펴보기 위해서 [그림 1.12]를 참고하자.

우선, 화산의 폭발부터 시작해 보자. 화산의 폭발은 지구 내부의 마그마[23]가 지구의 지표들 중 약한 부분을 뚫고 분출되어 나오는 현상을 가리키며, 이때 분출되어 나오는 마그마에는 이산화탄소와 메탄, 그리고 여러 탄소화합물들이 다량 포함되어 있다. 즉, 화산의 폭발은 대량의 온실가스들을 대기권으로 방출하는 자연적 현상이다.

그러면 마그마에 포함된 이산화탄소와 메탄 등의 온실가스들은 어디에서

---

23) 마그마(Magma)는 깊은 지하에서 고온으로 인해 반액체 상태로 존재하는 여러 암석들과 가스들이 혼합되어 있는 물질이며, 용암은 지표로 마그마가 분출되면서 가스들이 빠져나가고 남은 나머지의 물질이다.

기인한 것일까? 그것들은 지표 생명체들과 수중 생명체들로부터 기인한다. 생명체들은 생명활동을 이어가기 위해서 여러 유기물질들을 섭취하고 또 다른 형태의 여러 유기물질들을 배설한다. 그리고 그 활동을 살아 있는 동안 계속해서 반복한다. 생명체들이 배설하는 유기물질들은 시간이 지남에 따라 퇴적되어 지층이 되고, 더 오랜 시간이 지나면 화석연료가 되거나 마그마의 일부가 된다. 생명체 역시도 그 주어진 생명을 다하면 동일한 과정을 거쳐 퇴적 지층, 화석연료, 마그마의 구성성분이 된다. 그러나 마그마에 포함된 온실가스들은 다른 곳에서 기인하기도 한다. 생명체들은 생명을 유지하는 활동으로 호흡이라는 것을 한다. 호흡은 산소를 흡수하고 이산화탄소를 배출하는 과정을 말하는데, 호흡으로 인하여 대기 중(또는 수중)으로 배출된 이산화탄소는 물에 녹아[24] 깊은 지하 지층으로 스며들거나 광물과 화학적 결합[25]을 하게 된다. 이렇게 이산화탄소가 포함된 물과 흙, 광물은 오랜 시간이 지나면 마그마가 있는 곳까지 도달하고 마그마의 일부가 된다.

화산 폭발이 일어나면 마그마와 함께 분출되는 이산화탄소와 수증기 등으로 인하여 지구 대기권에는 온실가스가 급격하게 많아진다. 하지만 다시 오랜 시간이 지나면서 이 온실가스들은 상당량이 해양에 저장되고, 광합성 반응에 의해 유기물질로 전환되어 생명체의 일부가 된다. 뿐만 아니라, 이산화탄소의 경우에는 대기 중의 수분과 화학적 결합을 하여 약산성의 비가 되고, 그 비는 지표로 스며들어 광물과 화학적 결합을 하거나 깊은 지하에 지하수 형태로 존재하게 된다. 이러한 장주기의 탄소순환을 ‘지구의 자연적 탄소순환’이라고 한다.

---

24) $CO_2 + H_2O \rightarrow H_2CO_3$

25) $CaAl_2Si_2O_8 + CO_2 + 2H_2O \rightarrow Al_2Si_2O_5(OH)_4 + CaCO_3$[24]

다음은 인간 활동이 이루어지는 영역을 중심으로 생각해 보자. 현대의 대표적인 인간 활동은 대량의 화석연료 사용과 산업활동, 도시화 등이다. 인간들에 의해서 이루어지는 비자연적인 활동들은 어쩌면 균형을 이루기 위한 순환이 아닐지 모른다. 왜냐하면 이산화탄소 등 여러 온실가스들을 급격하게 많이 배출함과 동시에, 이것들을 다시 환원시킬 수 있는 요소들도 파괴하고 있기 때문이다. 그래서 인간 활동에 의한 것은 '탄소의 순증(純增)'이라고 말하는 게 더욱 적합할지 모르겠다. 하지만 이것도 결국은 시간이 지남에 따라서 지구적인 차원의 균형을 맞추게 된다. 만일, 인간들이 대량 배출된 탄소를 줄이기 위한 또 다른 인위적 순환을 강행한다면 비교적 짧은 시간 동안에 '바람직한 탄소순환'을 가질 수도 있다.

현재까지 인간은 지하에 매장되어 있는 화석연료, 즉 석탄과 석유, 천연가스를 채굴하여 발전(發電) 등을 하는 데 연료로 사용하고 있다. 이것들은 연소되면서 탄화수소계 화합물과 수분 등을 만듦과 함께 이산화탄소를 발생시킨다. 그리고 그 이산화탄소는 대기권으로 배출된다. 또한 수송수단인 자동차와 비행기, 선박 등에 사용되는 화석연료도 동일한 물질들을 생성시키고, 이산화탄소는 대기권으로 배출된다. 이렇게 배출된 이산화탄소는 비에 섞여 내려 지하수로 흘러들거나, 지표의 광물과 화학반응을 하여 저장된다. 그리고 그것들 일부는 마그마에 포함되고, 또 일부는 식물들의 영양소로 흡수된다.

소와 같은 대형 가축의 대량 사육은 인간의 먹거리 확보를 위해서 행해지는 산업활동(축산업)이다. 이 산업활동을 하는 동안 대형 가축들은 생명활동으로서 방귀와 분뇨 등의 배설물을 배설하는데, 이때 다량의 메탄[26)]

---

26) 이 메탄은 가축이 방귀를 뀔 때 직접 배출되는 가스이거나, 배설된 분뇨가 부패하면서 발생되는 가스이다.

이 대기 중으로 배출된다. 그러나 이 메탄은 인간에 의해서 에너지원으로 재활용되고, 그 에너지원의 사용은 이산화탄소 및 일산화탄소를 발생시킨다. 인간 활동에 의한 이러한 탄소순환을 '지구의 인위적 탄소순환'이라고 한다.

지구의 탄소순환에 있어서 빼놓을 수 없는 것이 하나 있다. 그것은 바로 수문현상[27]이다. 물론 수문현상 외에도 대기의 흐름과 열에너지의 이동처럼 중요한 자연현상들이 있기는 하지만, 수문현상은 그 중에서도 지구의 탄소순환을 위해 매우 중요하다. 물은 탄소가 거동하는 데 중요한 이동수단이다. 이산화탄소는 대기권에서 비에 용해되어 지상으로 떨어지고, 이후 물의 흐름과 같은 경로로 이동한다. 식물들의 광합성에 의해서 흡수된 이산화탄소도 종국에는 물의 흐름을 따라 이동한다. 메탄과 일산화탄소, 그리고 탄소가 포함된 모든 지구상의 유·무기 화합물질들도 그 거동이 결국에는 이산화탄소의 경우와 마찬가지로 물의 흐름을 따르게 된다. [그림 1.12]는 수문학[28]적 관점에서도 지구의 탄소순환을 잘 보여주고 있다고 하겠다.

수문현상과 그에 따른 지구의 탄소순환은 대기층에 체류하는 온실가스 양을 결정(또는 조절)하고, 이것은 결국 지구의 기후에 큰 영향을 미치고 있다.

---

27) 수문현상은 물이 생겨나서 분배되고 흘러가는 모든 현상들을 가리킨다. 즉, 지구상에서 거동하는 물의 모든 현상들을 말한다.

28) 수문학(hydrology)은 물이 어디에서 생겨나며, 어떻게 분배되고, 어디로 가는 것인지, 즉 물의 근원, 분배, 소멸의 과정을 연구하는 학문이다.[25]

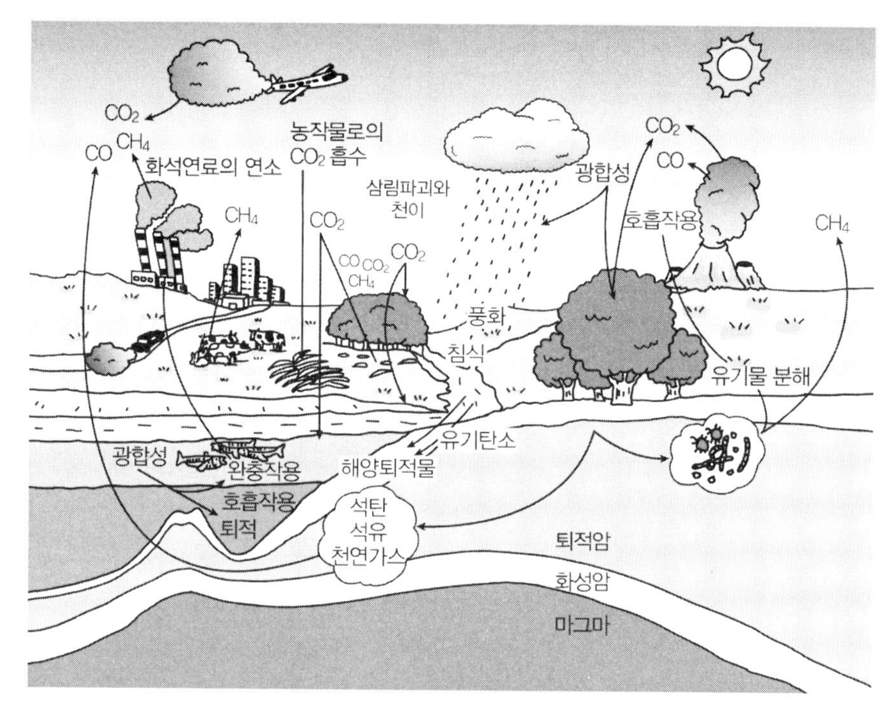

그림 1.12 지구의 탄소순환[23]

기타 요인들

알베도(Albedo)는 태양복사에너지를 반사하는 비율을 말한다. 기상학(혹은 대기과학)에서 많이 사용되는 이 용어는 대지와 해양 등의 지구 표면, 그리고 대기에 의해 반사되는 태양복사에너지의 반사율이라는 개념으로 한정 사용되고 있다. 그러나 알베도는, 더 구체적으로 지구의 알베도는 지구와 관련된 모든 요소들에 의해 태양복사에너지가 반사되는 비율의 평균치라는 개념이 보다 적합하다.

지구의 기후를 이해하는 데 있어서 알베도는 중요하다. 알베도의 정의에서 이미 짐작했겠지만, 알베도에 따라서 지구가 흡수하는 태양복사에너지의 양이 달라지기 때문이다. 알베도는 지구의 표면을 구성하는 대기, 해양, 대지, 빙하 등에 의해서 달라진다. 그도 그럴 것이 알베도는 지구의 구성물질들이 태양복사에너지를 반사하는 각기 다른 반사율들의 평균값이기 때문이다. 즉, 현재 지구의 알베도 평균값은 대략 30% 내외[29]로 알려져 있지만, 이 값은 지구의 표면 특성에 따라서 언제든지 달라질 수 있다는 의미이다.

알베도가 변하는 원리에 대한 이해를 조금 더 쉽게 하기 위해서 다음을 생각해 보자. 지금은 햇빛이 강렬하게 내리 쬐이는 한여름 날의 정오이다. 당신은 여자 친구와 데이트를 하기 위해 행복한 도시의 해피 빌딩 앞에서 만나기로 했고, 지금 그곳에서 벌써 한 시간째 기다리고 있는 중이다. 당신이 기다리고 있는 그곳, 해피 빌딩 앞은 차광막과 장치가 전혀 설치되어 있지 않아 그대로 햇빛을 받고 있는 중이다. 이때 당신이 위치한 장소의 지면은 검은 아스팔트로 되어 있고, 공교롭게도 당신은 검은색 바지와 셔츠를 입고 있다. 지금의 체감온도를 어떻게 느끼게 될 것인지 상상해 보자. 아마도 엄청난 열기를 오롯이 느낄 것이다. 반면에 당신이 위치한 장소의 지면은 회백색 콘크리트로 되어 있고, 당신은 흰색 바지와 셔츠를 입고 있다고 했을 때 체감온도가 어떠할지 상상해 보자. 검은색으로 둘러싸여 있었던 경우보다 열기가 덜하다고 느낄 것이다.

바로 이러한 원리이다. 모든 물질들은 각기 다른 반사율과 비열을 가진다.

---

29) 현재 지구의 알베도는 연구자들에 의해서 그리고 그 측정시기에 의해서 다소 차이가 있다. [그림 1.13]에서는 지구의 알베도가 31%이지만, [그림 1.7]에서는 지구의 알베도가 30%를 약간 못 미친다. 지구의 알베도는 모든 구성물질들의 '평균값'이기 때문에 그 구성물질들이 변화하면 당연히 그 값은 변할 수밖에 없다.

그렇기 때문에 그 각각의 알베도는 다를 수밖에 없다. 검은색 물체는 태양복사에너지를 거의 그대로 흡수하는 특성을 가진다. 반면에 흰색에 가까운 물체는 태양복사에너지를 상당량 반사하는 특성을 가진다. 특히, 은박과 같은 물체는 거의 전량에 가까운 태양복사에너지를 반사한다. 따라서 토양의 종류, 해양, 빙하, 산림의 종류 및 분포, 건축물, 경작지 등이 달라지면 지구의 알베도는 달라진다.

지구의 알베도가 높아지면 지구는 태양복사에너지를 적게 흡수하여 차가워지고, 그 알베도가 낮아지면 지구는 태양복사에너지를 많이 흡수하여 더워진다. 즉, 지구의 알베도 변화에 따라서 지구의 기후도 변화하게 된다.

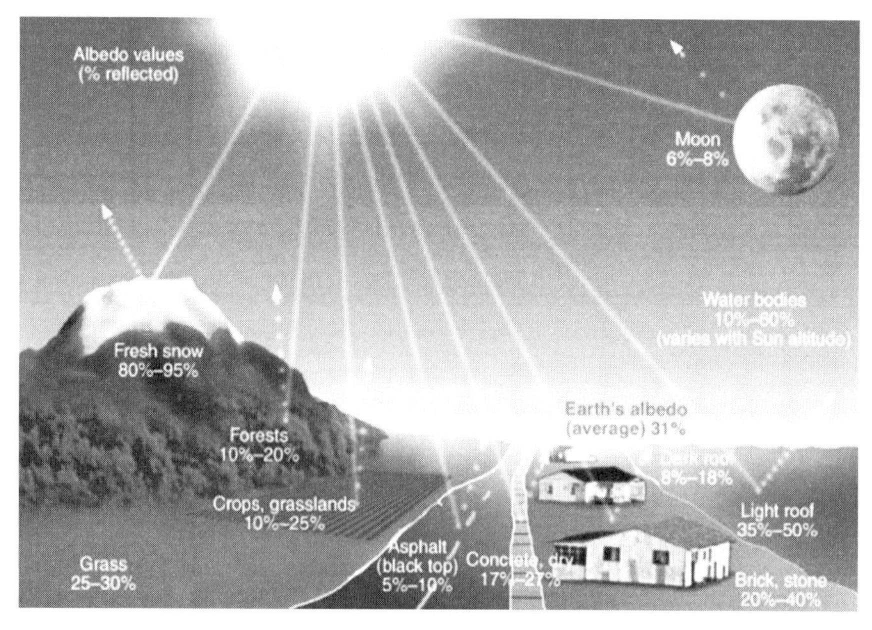

그림 1.13 알베도[26]

산림은 지구의 알베도에 적지 않은 기여를 함과 동시에 매우 중요한 이산화탄소 흡수원(CO_2 sink)으로서 역할을 한다. 기후변화협약에서는 이러한 이유로 산림의 이산화탄소 감축 기여를 공식적으로 인정하고 있다.

산림이 이산화탄소 흡수원의 역할을 할 수 있는 기본 원리는 식물의 광합성 반응이다. 광합성 반응은 식물의 태양광 활용에 의해 이산화탄소가 유기물질로 전환되는 반응으로서, 식물에게 있어 매우 중요한 생명활동이다. [그림 1.14]의 '식물의 광합성'을 보자. 식물은 엽록소(Chlorophyll)를 통해서 햇빛(즉, 광자에너지[30])을 흡수한다. 그리고 뿌리와 잎의 기공을 통해서 물과 이산화탄소를 빨아들인다. 식물 내부의 이산화탄소와 물은 광자에너지에 의해서 광합성 반응을 하고 그 결과물로 산소와 에너지원인 유기물질을 만든다. 지구상의 엽록소를 가지는 모든 식물들은 햇빛이 비추는 낮 동안 광합성을 하여 이산화탄소를 산소와 유기물질로 변환시키는 작업을 한다.[31] 단, 햇빛이 비추지 않는 밤에는 식물들도 호흡을 하기 때문에 산소를 흡수하여 소모하고 이산화탄소를 대기 중으로 배출한다. 그러나 식물이 배출하는 이산화탄소의 양에 비하면 흡수하는 이산화탄소의 양이 더욱 많다. 또한 식물이 흡수하여 소모하는 산소의 양보다 배출하는 산소의 양이 더욱 많다. 그렇기 때문에 우리는 식물이 군집한 산림을 '지구의 허파[32]'라고 칭하면서 '이산화탄

---

30) 양자론에서는 빛도 특정 에너지를 가지는 입자로 구성되어 있다는 개념으로 접근한다. 그래서 광자(Photon)는 빛의 입자라는 의미를 가진다. 즉, 광자에너지는 빛의 입자가 가지는 에너지이다. 하지만 여기서는 광자에너지를 햇빛, 태양복사에너지, 빛에너지로 여겨도 무방하다.

31) 식물의 광합성 반응식은 다음과 같다. $6CO_2 + 12H_2O$ + 광자에너지 $\rightarrow C_6H_{12}O_6 + 6H_2O + 6O_2$

32) 허파는 인체의 기관들 중 호흡을 통해 산소를 얻고 이산화탄소를 배출하는 기관이다. 그런데 왜 결과적으로 이산화탄소를 배출하는 기관을 산림에 비유하는 것일까? 그 이유는 그것이 '지구 생명체들의 생명에 필수적인 요소'라는 의미와 함께 '산소를 얻는 곳'이라는 의미를 비유적으로 나타내기 위해서이다.

소 흡수원'으로 인정하고 있다.

산림이 지구에 많이 조성되어 있으면 대기 중의 이산화탄소를 다량 흡수하고 산소를 배출하기 때문에 대기권의 온실가스가 감소되는 데 상당한 기여를 한다. 그리고 이렇게 온실가스가 감소되면 지구의 온도상승은 억제된다. 결국, 산림이 지구에 얼마나 조성되어 있느냐의 문제는 지구의 기후가 어떻게 변할 것인가의 문제와 밀접한 관계를 가진다.

지구의 기후는 '산림이 얼마나 많이 조성되어 있는지'에 의해서만 영향을 받는 것은 아니다. 산림을 구성하는 식생의 연령과 수종(樹種)에 따라서도 이산화탄소 흡수량은 달라진다. 2013년 11월에 발표된 국립산림과학원의 <주요 산림수종의 표준 탄소흡수량> 연구보고서를 보자. 이 연구보고서에서는 대한민국에 서식하고 있는 각 수종의 단위면적 당 연간 이산화탄소 흡수량(단위 : ton/ha/년)을 제시하고 있는데, 소나무는 임령(식생의 연령)이 10년부터 10년 단위로 60년까지 증가함에 따라 5.38, 8.34, 10.77, 7.19, 4.92, 3.51ton/ha/년으로 달라지는 값을 가졌다. 이와는 달리, 참나무는 10.36, 16.08, 12.14, 10.81, 9.62, 8.65ton/ha/년으로, 소나무와는 확연히 다른 값을 나타냈다.[27] [그림 1.14]의 '산림의 이산화탄소 흡수'를 보자. 건강하고 젊은 식생들로 구성되어 있는 산림은 이산화탄소를 흡수하고 산소를 배출하는 작용을 활발하게 한다. 그러나 늙거나 죽은 나무들이 많은 산림은 이산화탄소를 흡수하기보다 배출하기를 더욱 많이 한다. 따라서 늙어가거나 죽어가는 산림들이 지구에 많아지면 대기권의 이산화탄소는 흡수되지 못할 뿐만 아니라 더욱 증가될 수밖에 없다.

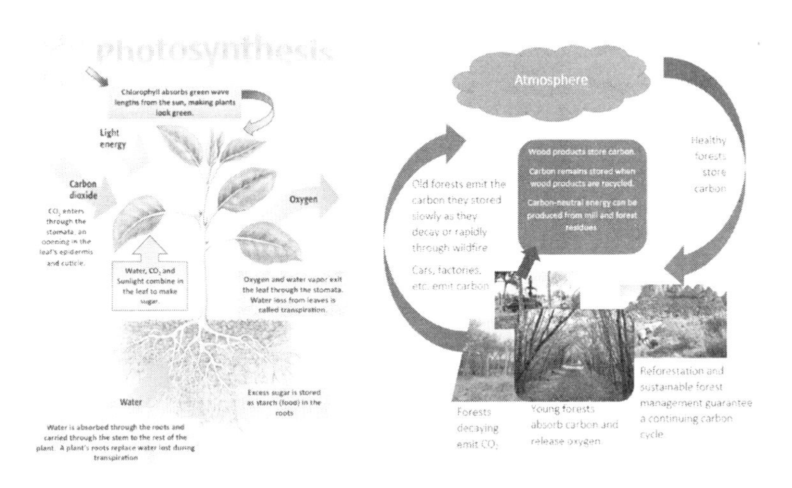

그림 1.14 식물의 광합성(좌)[28]과 산림의 이산화탄소 흡수(우)[29]

이산화탄소를 상대적으로 많이 흡수하는 수종으로, 그리고 비교적 젊은 수령을 가지는 나무들로 지구에 산림들이 많이 조성된다면, 그 산림들은 지구의 기온을 낮추는 데 적지 않은 기여를 할 것이다. 만일 그렇지 못하다면 여러 자연적·인위적 요인들에 의해서 대기권으로 배출된 이산화탄소를 흡수하는 데 한계를 가질 수밖에 없고, 이는 지구의 기온을 낮추는 데 어려움을 겪는 것으로 이어질 수밖에 없다. 그래서 산림을 구성하고 있는 '식생의 연령과 수종'은 산림의 조성 면적 못지않게 지구의 기후를 결정하는 중요한 요인들 중 하나이다.

도시는 인류 문명의 결정체라고 말할 수 있다. 그리고 전 세계인의 상당수가 현재 도시에서 살아가고 있다. 도시는 자연적 현상으로 만들어진 것이 아닌 100% 인간들에 의해서 만들어진 것이고, 기후변화의 중요한 요인이다. 사전을 찾아보면, 사회·경제·정치 활동의 중심이 되는 곳으로서, 수천에서 수만 명의 인구가 집단거주를 하고 가옥들이 밀집되어 있으며 교통로가 집중되어 있는 지역을 바로 도시라고 정의한다.[30] 도시는 정말 지구의 기후를 변화시키는 요인인가? 얼핏 생각하면 도시와 기후 간의 연관성이 긴밀하지는 않아 보인다. 그리고 도시의 사전적 정의를 다시 읽어보아도 그 연관성을 찾기가 쉽지 않다. 하지만 그럼에도 불구하고 분명히 도시는, 특히 현대의 도시는 지구의 기후변화를 설명하는 데 있어서 중요한 부분이다.

※출처 : wikipedia.org

그림 1.15 현대 도시의 모습[31,32]

도시는 그 특성상 한정된 면적의 지역에 많은 사람들이 모여 살아가는 곳이다. 즉, 인구밀도가 매우 높은 특징을 가진다. 이러한 특징으로 인해 도시에서는 에너지의 사용이 집중적으로 이루어지고 있고, 먼지 등도 높은 빈도로 다량 발생한다. 그리고 인간 생활권 대기의 온도는 도시 지역이 그 외의 지역들보다 높다. [그림 1.15]는 현대 도시의 모습을 보여주고 있다. 바로 우리가 살아가고 있는 도시의 모습이다. 매캐하고 가슴이 답답하며 부산스럽고 목에서는 약간의 가래가 끓는 것 같은 느낌이 들지 않는가? 물론 쾌적한 도시들도 다수 있다. 그러나 아직까지 많은 사람들이 사는 도시들은 이러한 느낌이 먼저 든다.

도시에서 다량으로 발생하는 먼지 등과 열기는 사람들의 육안으로는 잘 보이지 않는 일종의 돔(Dome)을 형성한다. 미세한 먼지 등은 주변부 온도보다 높은 온도에서 상승하는 특성을 가진다. 이 현상은 투명한 유리 냄비에 물을 3/4정도 채워 넣고 가스레인지 위에서 가열을 할 때, 참깨와 같은 물질을 넣으면 바닥으로 가라앉은 그 물질이 냄비의 가장 뜨거운 부분에서 떠올라 주변으로 이동하고, 그 후 다시 가라앉았다 가장 뜨거운 부분에서 떠오르기를 반복하는 것과 같은 원리이다. 우리가 익히 알고 있는 대류현상이다. 도시 지역에서 높은 온도로 상승하는 먼지 등은 일정한 고도(즉, 차가운 공기와 마주하는 높이)에서 경계면을 가지는데, 이 모습을 전체적으로 시각화하면 도시 지역은 일종의 돔(또는 먼지돔<Dust dome>)을 형성하게 된다. [그림 1.16]을 참고하면 도시의 먼지돔이 만들어지는 원리를 쉽게 이해할 수 있다.

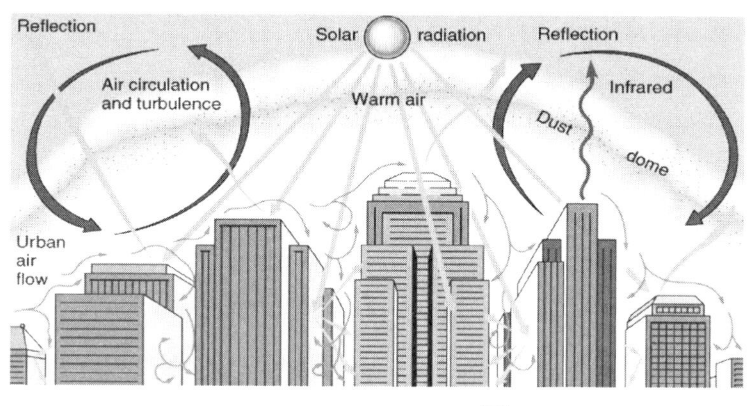

그림 1.16 도시의 먼지돔[33]

도시의 대기층에 형성된 이 돔은 도시 내의 많은 건물들과 시설들, 교통수단들에서 내뿜는 열기를 가둬두는 기능을 한다. 결국, 도시에서 발산되는 열은 돔에 갇혀 그 안에서만 순환하게 되고, 도시는 점점 뜨거워지는 현상을 나타낸다. 우리는 이 현상을 도시의 '열섬현상(Heat island)'이라고 부른다. 열섬현상은 도시를 포함하는 광범위한 지역의 온도분포를 지도로 그려보면 확실하게 확인할 수 있다([그림 1.17] 참고).

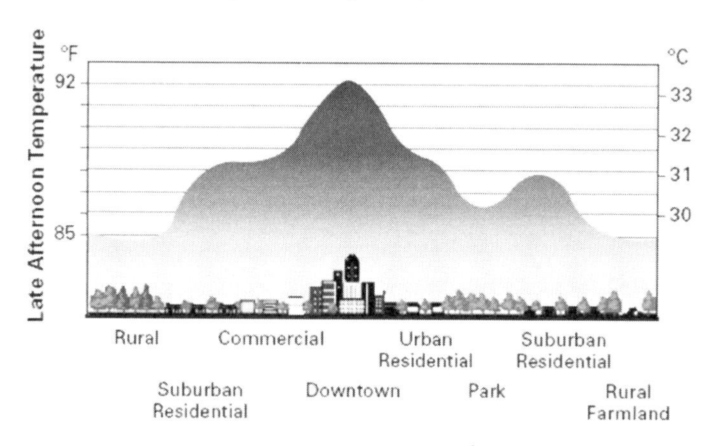

그림 1.17 도시의 열섬현상[33]

결과적으로 지구상에 도시가 많아진다는 것은 온도가 높은 지역이 많아진다는 것을 의미한다. 그렇기 때문에 도시는 지구가 더워지는 데 기여를 하는 셈이다. 따라서 우리는 지구의 기후에 적지 않은 영향을 미치는 또 다른 하나의 요인을 '도시'라고 말할 수 있다.

기후변화의 증거들, 그리고 원인

02

CHAPTER

02 CHAPTER
기후변화의 증거들, 그리고 원인

"SAVE THE EARTH!"

"STOP GLOBAL WARMING!"

전 세계인들이 현재 소리를 높여 외치고 있는 구호이다. 우리가 살아가는 지구가 나날이 더워지고 있어 인간들은 물론 지구 생태계 전반이 위험에 처하게 되었고, 우리는 지금이라도 이 위험에서 벗어나기 위한 행동을 취해야 한다는 메시지를 담고 있다.

우리는 여기서 주목해야 할 사항이 있다. 그것은 바로 지구가 인간들에 의해 급격한 환경적인 변화(즉, 기후변화)를 겪고 있다는 사실이고, 그 변화는 지구가 더워지고 있다는 것이다. 다시 말하자면, 인간 활동에 의해 지구온난화가 급속하게 이루어지고 있고, 이것은 지구를 위태롭게 하고 있다.

"정말 지구는 더워지고 있는 것일까?"

지금부터는 과학적인 근거들을 토대로 '지구가 정말로 더워지고 있는지'를 확인해 보도록 하자. 그리고 정말로 그러하다면 '그 이유는 무엇인지'도 살펴보도록 하자.

더워지고 있는 지구

"지구는 확실히 더워지고 있다."

이것은 나뿐만이 아니라 현재를 살아가고 있는 대부분의 사람들이 믿고 있는 사실이다. 그러나 일각에서는 지구가 확실히 더워지고 있다는 것이 사실처럼 믿고 있을 뿐이라고 주장하기도 한다. "빅 히스토리[1]적 관점에서 지구는 빙하기와 간빙기를 수백 년에서 수천 년을 주기로 반복해왔다. 그래서 지금의 지구온난화는 그러한 대주기의 한 부분으로 볼 수 있으며, 설령 인간 활동에 의해서 약 2세기가 안 되는 기간 동안 지구의 온도가 급격히 상승하였다 하더라도 수백 년에서 수천 년의 시간이 지나면 문제가 되지 않을 것이다." 바로 이러한 식으로 말이다.

이러한 주장을 하는 사람들을 보면, 나는 참 안타까운 생각이 든다. 지구가 더워지고 있는 것은 분명한 사실이기 때문이다. 2017년 9월 프란치스코 교황[2]은 5박 6일의 콜롬비아 순방을 하면서 다음과 같은 말을 한 바 있다. "왜, 기후변화의 영향을 인정하기를 주저하는가? '인간은 어리석다'는 구약성서 시편의 구절이 떠오른다. 누군가 어떤 것을 보길 원치 않으면, 그것은 그의 눈에 띄지 않기 마련이다. 기후변화를 부정하는 사람들은 과학자들에게 가서 물어보라. 그들이 확실히 알려줄 것이다."[34]

프란치스코 교황의 말은 정확히 맞다. 기후변화는 과학자들의 과학적 증거

---

1) 빅 히스토리(Big history)는 종래의 인류사적 관점에서 바라보는 역사가 아닌 우주의 빅뱅(즉, 탄생)부터 현재에 이르기까지 우주적 관점에서 바라보는 역사를 말한다. 지구의 빅 히스토리는 지구가 탄생하면서부터 현재까지의 역사를 말하기 때문에 인류사는 빅 히스토리적 관점에서 아주 짧은 시간에 해당하는 역사이다.

2) 제266대 교황 프란치스코(Pope Francis)는 최초의 비유럽권 출신 교황이자, 가톨릭교회 역사상 첫 예수회 출신 교황이다. 본명은 호르헤 마리오 베르고글리오(Jorge Mario Bergoglio)이고, 아르헨티나 태생이다.

들에 의해서 명확히 입증되고 있기 때문이다. 최근 약 2세기 동안 대기, 해양, 식생 등의 변화를 관찰하여 얻은 정보들뿐 아니라 극지의 빙하 등으로부터 얻은 고대 기후에 대한 정보들까지 모두 종합하고 과학적으로 분석한 결과, 지구는 인간 활동에 의해서 산업혁명 이후 급격히 더워지고 있다는 것이 밝혀졌다. 그리고 보다 많은 증거들이 지금도 과학자들의 연구를 통해서 추가되고 있다.

지구 표면의 온도 변화 관측

우리가 살아가고 있는 지구가 더워지고 있다는 주장이 사실임을 뒷받침하는 증거들은 너무도 많다. 그리고 그 증거들은 매우 과학적이기 때문에 반론의 여지가 거의 없을 것이라고 생각한다. 지구가 더워지고 있다는 사실을 가장 확실하게 증빙할 수 있는 자료는 과연 무엇이 있을까? 아마도 전 지구의 온도를 측정한 값이라면 반론의 여지가 없는 증거가 되지 않을까? 그렇다. 그것이라면 충분한 증거가 될 수 있다.

[그림 2.1]을 보자. 이 그래프는 1880년부터 최근까지 전 세계의 각 기상관측소에서 지구 표면의 온도를 측정한 결과이다. 측정된 값들은 각 년도와 5년 동안의 평균을 나타내고 있으며, 온도를 측정한 값 그대로 표시한 것이 아닌 평균 온도에서 해가 지나갈수록 얼마나 변화가 생겼는지를 나타내는 온도 편차로 표시하고 있다.

여기서 질문 하나가 생긴다. “왜, 1880년부터 측정한 값을 나타내고 있는 거지? 더 이전부터 측정된 값들을 나타내면 보다 좋을 텐데 말이야.” 바로 이 질문 말이다.

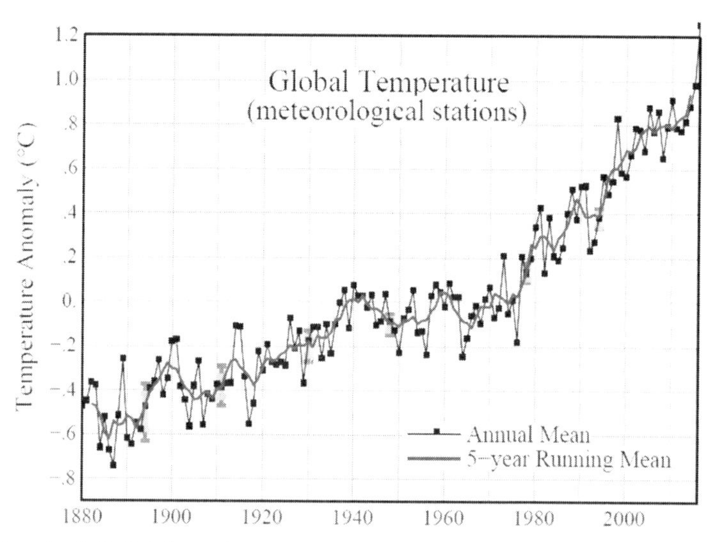

※출처 : 미국 항공우주국(NASA)

그림 2.1 지구의 온도 편차

이 질문은 얼핏 생각하면 사소한 질문처럼 보이나, 아주 중요한 질문이다. 지구 표면의 온도 측정값은 사실 보다 오래된 과거의 것으로부터 제시될 수 있어야 지구의 기후가 어떻게 변화하고 있는지를 더욱 잘 파악할 수가 있기 때문이다. 그리고 기후변화가 음모론이라고, 또 허구라고 주장하는 일부 사람들까지 설득할 수 있기 때문이다. 그럼에도 불구하고 우리는 국제화된 기준에 맞춘 지구 표면의 온도 측정값을 약 1800년대 후반(즉, 19세기 후반)부터 가질 수밖에 없었다. 첫 번째 이유는 1차 산업혁명이 이루어지고 과학기술의 발전도 비약적으로 이루어진 19세기 후반부터 체계적이고 국제화된 기준의 기상관측이 세계 전 지역에서 수행되었기 때문이다.3)[35] 두 번째 이유

3) 세계기상기구(World Meteorological Organization, WMO)는 1873년에 설립되었던 국제기상기구(International Meteorological Organization)의 후속 기구로서, 세계기상기구 헌장의 비준을 근거로 1950년 3월 23일 설립되었다.[36] 세계기상기구의 설립은 국제화된 기준의 기상관측이 세계 전 지역에서 수행되기 시작한 것과 밀접한 관계가 있다.

는 인간에 의한 환경오염이 이루어진다는 인식이 본격적으로 생겨나기 시작한 시기가 바로 1차 산업혁명 이후부터이기 때문이다. 사실 그 이전까지는 제한적인 수준의 산업들이 이루어지기는 했지만, 대규모의 공업화와 화석연료 대량 사용 등이 본격적으로 진행되지 않았다. 그래서 1차 산업혁명 이후부터 지구 표면의 온도가 어떻게 변화하고 있느냐는 인간 활동에 의한 기후변화를 확인하는 데 매우 중요하고, 그러한 이유로 19세기 후반부터의 측정값들을 제시하고 있다.

다시 [그림 2.1]로 돌아가도록 하자. 이 그래프를 통해서 우리는 바로 시각적으로 지구 표면의 평균 온도가 1880년 이후부터 가파르게 최근까지 가파르게 상승하고 있는 것을 확인할 수가 있다. 물론 각 해의 평균 온도는 다소 오르고 내림이 있기는 하지만, 전체적인 그래프의 추세가 증가하고 있다. 이 결과를 한 문장으로 정리하면 "1880년 이후부터 지금까지 지구는 꾸준히 그리고 급격하게 더워지고 있다."라고 말할 수 있다.

1880년대부터 1940년대까지 지구 표면의 평균 온도는 비교적 완만한 기울기로 꾸준히 상승했다. 이것은 1차 산업혁명이 이루어진 이후 주요 선진국들이 본격적으로 산업활동을 시작한 데 그 이유가 있다. 그리고 그 산업활동을 위해서 화석연료들을 다량으로 사용하기 시작한 것도 온도가 상승하게 된 주요한 이유이다. 여기서 주요 선진국들은 대부분 1차 세계대전을 일으킨 유럽의 제국주의 국가들이며, 다량의 화석연료를 사용하게 된 이유는 1차 산업혁명 이후 본격적으로 시작되는 산업활동이 1886년 개발된 내연기관에 기반하고 있었기 때문이다.

실제로 이 시기에는 우리에게 잘 알려진 '스탠더드 오일[4]'과 '로열 더치

4) 록펠러에 의해 1870년 설립되었다.

셸[5]', '브리티시 페트롤륨[6]'등 세계적인 석유회사들이 설립되었으며, '파나르 르바소[7]'와 '포드자동차[8]', '크라이슬러[9]', '롤스로이스[10]' 등 유수한 자동차 회사들이 설립되었다. 그리고 그 당시에는 자유주의 시장경제가 전 세계에 형성되기 시작하면서 산업활동을 가속화했고, 영국을 비롯한 유럽의 제국주의 국가들은 세계의 공장이 됨과 함께 아시아와 아프리카 등의 지역에 많은 시장(즉, 식민지)들을 확보하기 시작했다. 추후, 유럽의 제국주의 국가들은 경쟁적으로 식민지 만들기에 진력(盡力)한 결과 1차 세계대전[11]이라는 인류 역사상 씻을 수 없는 오점을 남겼다.

1940년대부터 1960년대까지 지구 표면의 평균 온도는 변화하지 않고 정체되어 있었다. 우리는 그 이유를 자연적인 현상에 의한 상쇄효과가 나타났기 때문, 혹은 특정 인간 활동이 일어났기 때문으로 유추해 볼 수가 있다. 이 당시에는 전 지구적으로 기후에 영향을 줄 만큼의 자연적인 현상이 발생한 기록은 그다지 없는 것으로 파악된다. 그렇다면 이전까지와는 다른 인간 활동의 변화가 나타났다는 것인데, 과연 그것은 무엇일까?

세계대공황은 1929년에 시작되었다. 1929년 10월 24일 미국의 뉴욕주식거래소에서 주가가 폭락을 한 것이 발단이 되면서 1933년까지 전 세계 거의 모든 자본주의 국가들이 세계대공황에 말려들었다. 미국은 프랭클린 루

5) 장 케슬러와 헨리 디터딩에 의해 1890년 설립되었다.
6) 윌리엄 크녹스 다르시에 의해 1909년 설립되었다.
7) 에밀 르바소에 의해 1889년 설립되었다.
8) 헨리 포드 등에 의해 1903년 설립되었다.
9) 조너선 맥스웰과 벤저민 브리스코에 의해 1909년 설립되었다.
10) 찰스 롤스에 의해 1906년 설립되었다.
11) 1차 세계대전은 1914년 6월 28일 '사라예보' 사건이 직접적인 원인이 되어 발생한 것은 사실이지만, 그 이면에는 유럽 제국주의 국가들의 식민지 확보 경쟁(독점 자본주의로 접어들면서 이루어진)이 이미 1차 세계대전을 예고하고 있었다.

즈벨트에 의해서 '뉴딜 정책'이 본격적으로 실시되었고, 이 정책의 핵심은 도로, 교량, 공항, 공원 등 대규모 국가기반시설들에 대한 건설을 추진하면서 새로운 일자리를 만들고 미국의 경제를 차츰 회복시키는 것이었다. 그러나 대공황을 자체적으로 해결할 능력이 없었던 국가들, 즉 독일, 이탈리아, 일본은 전쟁을 일으켜 군수물자를 생산하고 국가 경제를 살리겠다는 군국주의 노선을 걷기 시작했다. 그 결과, 2차 세계대전이 1939년부터 1945년까지 일어났다. 이러한 시대적 상황으로 인해 전 세계의 공장 역할을 하는 국가들은 산업시설들과 국가기반시설들이 대부분 파괴되었다. 그래서 2차 세계대전이 종료된 후로도 한동안 산업활동이 이루어지는 데 한계가 있었고, 화석연료의 대량 사용이 제한될 수밖에 없었다. 결국, 그 상황은 1900년대 중반 지구 표면의 평균 온도가 상승하기를 다소 주춤하게 되는 직·간접적인 원인이 되었다.

1960년대 이후부터는 매우 가파르게 지구 표면의 평균 온도가 상승하고 있다. 그리고 이러한 현상은 지금까지 진행형이다. 왜 일까? 그 이유는 명징(明徵)하다. 바로 그것은 전 세계 거의 모든 국가들의 활발한 산업활동과 그로 인한 화석연료의 대량 사용 때문이다. 한국은 물론 중국과 인도, 브라질, 그리고 다수의 개발도상국들이 지금까지 이룩한 경제발전과 함께 화석연료의 사용량, 산림의 훼손 등을 생각해 보자. 그러면 인간 활동이 전 지구적으로 얼마나 급격히 증대되었고, 또 자연이 얼마나 심각하게 파괴되고 훼손되었는지 가늠할 수 있다.

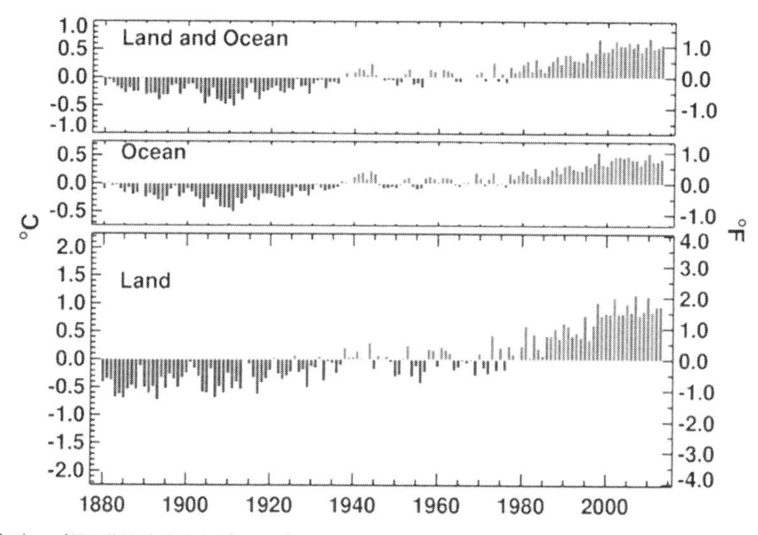

※출처 : 미국 해양대기관리처(NOAA)

그림 2.2 육지 및 해양 표면의 온도 편차

[그림 2.2]는 미국 해양대기관리처에서 미국 환경위성정보처(National Environmental Satellite, Data and Information Service, NESDIS) 등과 함께 관측한 지구 육지 및 해양 표면의 온도 편차 결과이다. 측정기간은 [그림 2.1]과 동일하다. 이 그래프는 지구의 육지, 해양, 육지와 해양의 평균값을 보여주고 있는데, 우선 육지와 해양의 평균값(Land and Ocean)은 [그림 2.1]과 거의 유사하게 나타났다. 즉, 지구 표면의 평균 온도가 1880년대 이후로 꾸준히 상승하고 있다는 사실을 거듭 증명하고 있다. 다음으로 육지, 그리고 해양의 표면에서 측정된 평균 온도는 서로 비슷한 경향을 나타내고 있음과 함께 육지에서의 측정값(Land)이 해양에서의 측정값(Ocean)보다 온도 편차의 폭이 크다는 것을 보여준다. 이 이유는 육지와 해양을 구성하고 있는 물질들의 비열차[12] 때문이다.

고기후학이 입증하는 기후변화

고기후(paleoclimate)는 통상 기상관측망이 확립되기 이전의 기후, 즉 체계적으로 측정된 기상자료가 없는 역사시대와 지질시대의 기후를 말한다. 따라서 공룡이 살았던 쥐라기나 백악기 같은 시대의 기후만을 의미하는 것이 아니라, 기상관측망이 체계적으로 확립되기 이전인 불과 수백 년 전의 기후도 고기후라고 말할 수 있다.

인간들이 국제화된 기준에 맞추어 기상관측을 시작한지는 겨우 19세기 후반이다. 그래서 고문헌의 확인이나 퇴적물, 나무의 나이테, 극지방의 빙하, 산호초 등의 분석을 통해 고기후에 대한 정보를 얻는 활동은 매우 중요하다. 고기후 연구는 우리가 기후변화에 대한 폭넓은 이해를 가지도록 하고, 더욱 많은 그 증거들을 찾아내는 데 도움을 주기 때문이다.

[그림 2.3]은 '지난 1,000년 동안 지구 표면의 온도 변화'에 대한 결과이다. 여기서 기상관측 및 고기후 분석의 대상을 북반구로 한 이유는 전 세계인의 약 70% 이상이 북반구에 거주하고 있기 때문이다.[13] 19세기 후반부터 최근(2000년대)까지의 측정값들은 세계 전 지역에 설치된 기상관측소들에서 직접 관측한 결과로, 급격하게 지구 표면의 온도가 증가하고 있음을 보여주고 있다. 반면에 1,000년(A.D.[14])부터 19세기 전반까지의 측정값들은 고문헌 등의

---

12) 비열은 어떤 물질 1g(gram)의 온도를 1℃ 높이는데 필요한 열량으로, 모든 물질들은 각기 다른 비열을 가지고 있다. 기상학에서는 지구를 구성하고 있는 물질들이 각기 다른 비열을 가지고 있기 때문에 여러 기상학적 현상들이 발생한다고 설명한다. 가장 대표적인 예가 낮과 밤에 부는 해풍(sea breeze)과 육풍(land breeze)이다. 해풍과 육풍은 해양과 육지의 서로 다른 비열차로 인하여 발생하는 기상현상이다.

13) 북반구는 남반구보다 인간들이 거주할 수 있는 육지가 압도적으로 많다. 남반구에는 인간들이 거주할 수 있는 육지가 아프리카의 일부 지역과 남아메리카, 오스트레일리아 등의 지역들뿐이다. 반면에 북반구에는 인간들이 거주할 수 있는 육지가 아시아, 유럽, 북아메리카, 아프리카, 북극 지역의 대륙들, 기타 다수의 섬들이 있다.

역사적 기록들과 나무의 나이테, 산호초, 극지의 빙하 등을 분석하여 얻은 결과로, 몇 년에서 수십 년 간격으로 온도의 등락은 있었지만 전반적인 추세는 1961년부터 1990년까지의 평균값보다 낮은 온도로 평탄했음을 보여주고 있다. 즉, 지난 1,000년의 기간 중에서 약 800년 이상은 지구 표면의 온도 변화가 급격한 등락 없이 대체로 평탄한 추세를 나타냈지만, 최근으로부터 약 200년도 안 되는 기간 동안은 지구 표면의 온도가 급격하게 상승하고 있었다.

고기후 자료는 종종 기후변화를 믿지 않는 사람들, 특히 기후변화를 음모론이라고 생각하는 사람들(이하 '음모론 주장자들')에게 그들의 주장을 뒷받침 하는 근거로 사용된다.

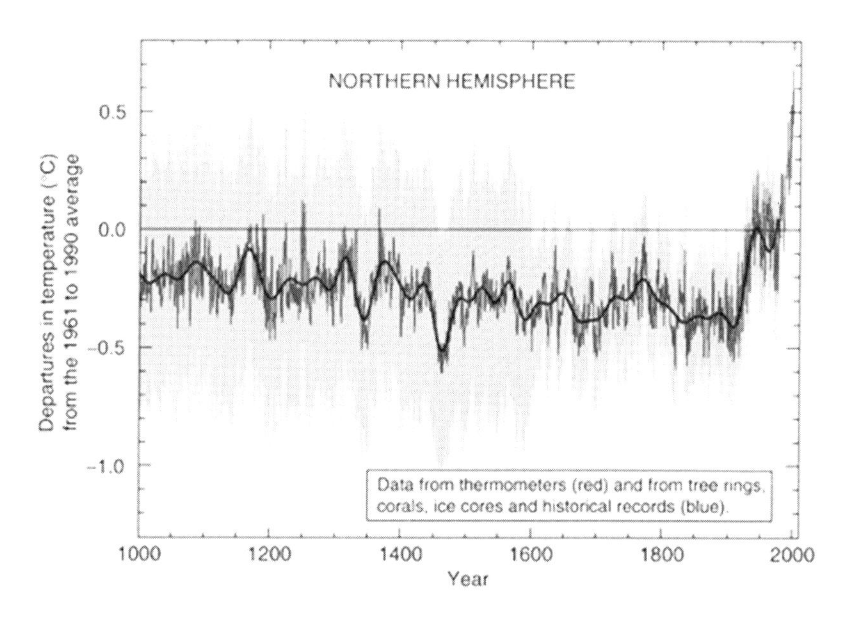

그림 2.3 지난 1,000년 동안 지구 표면(북반구)의 온도 변화[37]

14) A.D.는 Anno Domini의 약어로서 통상 '기원 후'라는 의미로 사용된다.

현재부터 약 40만 년 이전까지의 기후 자료들을 보여주고 있는 [그림 2.4]를 보자. 이산화탄소와 먼지의 농도, 그리고 온도 편차의 변화를 확인할 수 있다. 이산화탄소와 온도 편차는 그 패턴이 유사하다는 점이 우선적으로 눈에 띈다. 그리고 이 두 결과들은 짧게는 약 10만 년에서 길게는 약 15만 년을 주기로 상승과 하강을 반복하는 것처럼 보인다. 먼지는 그 농도의 변화가 이산화탄소 및 온도 편차의 변화들과 반대되는 듯한 패턴을 나타내고 있다. 예를 들어, 먼지의 농도가 하강하면 이산화탄소의 농도와 온도 편차는 상승하고, 또 먼지의 농도가 상승하면 이산화탄소의 농도와 온도 편차는 하강하는 식이다. 이러한 결과는 '지구의 탄소순환'과 '태양복사에너지의 흡수량' 등과 밀접한 관계를 가지며, 그 요인들은 '인간 활동에 의한 것'이 아닌 '자연적 현상'이다.

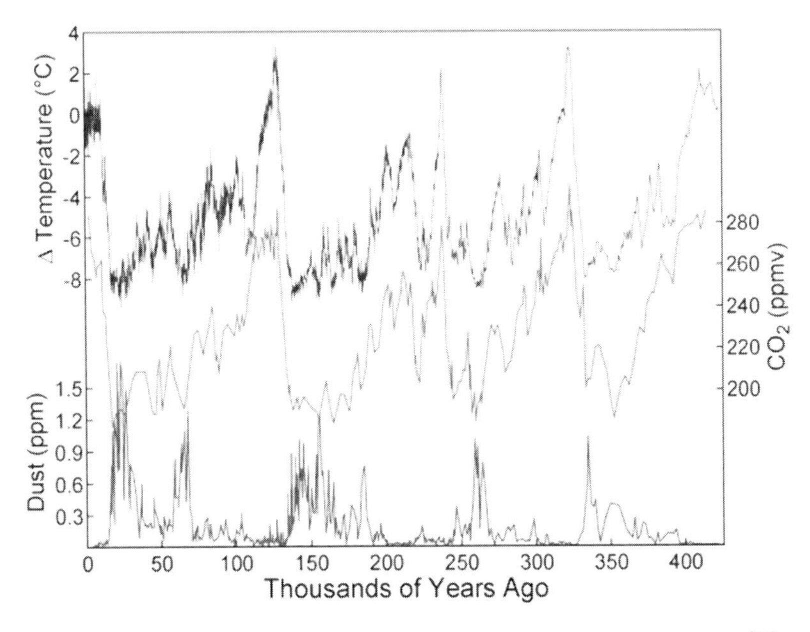

그림 2.4 지구 표면의 온도, 먼지, 이산화탄소 변화(기간 : 약 40만 년)[38]

만일 어느 시기에 초대형 화산이 폭발한다면 대기권에는 먼지막이 형성되고, 그 막은 상당량의 태양복사에너지를 우주 밖으로 반사하여, 결과적으로는 지구 표면의 온도를 낮춘다. 반면 대형 화산의 폭발이 없는 시기에 지구가 '공전궤도 이심률'로 인해 태양복사에너지를 많이 받게 되는 상황에 놓인다면, 지구 표면의 온도는 점차 지속적으로 상승하고, 바다에 녹아있던 다량의 이산화탄소는 대기 중으로 방출되어 대기권 내 이산화탄소 농도를 높인다. 그리고 대기권으로 방출된 다량의 이산화탄소는 온실효과를 강화하여 지구 표면의 온도를 더욱 높인다. 이러한 현상들이 어느 정도 일정한 주기를 가지고 나타난다면 지구의 기후는 그 주기에 따라 변화하게 된다. 따라서 기후변화, 특히 지구 생명체들의 생존을 위협하는 지구온난화가 인간 활동에 의해서 발생하고 있다는 주장은 빅 히스토리적 관점에서 보았을 때 문제가 있다고 음모론 주장자들은 말한다.

이들의 주장처럼 실제로 '인간 활동'보다 '자연현상'은 기후변화에 지대한 영향을 준다. 7만 3,500년 전 인도네시아에서 폭발한 토바 화산은 근래 가장 강력했던 1991년 필리핀의 피나투보 화산 폭발보다 2,800배 정도 더욱 강력했다고 보고된다. 필리핀의 피나투보 화산은 폭발한 이후 대기권으로 먼지 등의 에어로졸들이 다량 방출되어 다음 해에 지구의 평균 기온을 0.5℃ 하강시킨 데 반해, 인도네시아의 토바 화산은 폭발한 이후 지구의 평균 기온을 대략 12℃ 하강시켰다.[39] 이처럼 오늘 당장 어느 대형 화산이 폭발을 하기라도 한다면 지구의 평균 기온은 인간 활동에 의해 지구온난화가 진행되었음에도 불구하고 급격히 하강할 가능성이 높다.

음모론 주장자들의 그 주장은 일리가 없지 않지만, 그럼에도 불구하고 너무도 위험하고 잘못되었다. 다음과 같이 생각해 보면 그 이유를 이해하기가 쉽다. 지구의 기후가 급격하게 변할 정도의 자연현상은 화산 폭발, 소행성 충돌, 공전궤도 이심률 변화, 태양 활동의 변화가 대표적이다. 이 현상들은 지구의 평균 기온을 급격하게 상승시키거나 하강시키는 요인들이기도 하면서 즉각적으로 지구의 거의 모든 생명체들에게 치명적인 영향을 미친다. 예를 들면, 소행성 충돌은 그 어마어마한 충격으로 지구상의 거의 모든 생명체들을 죽일 것이고, 강력한 태양의 흑점 폭발은 지구의 모든 통신·전자기기들을 망가지게 하여 인간들에게 제약을 가할 것이고, 대규모 화산 폭발은 다량의 용암과 화산재가 인간들의 정주공간을 뒤덮어 죽음에 이르게 할 것이다. 즉, 기후변화의 영향 받기도 이전에 인간들은 물론 지구상의 거의 모든 생명체들은 심각한 생존의 위기에 직면할 수밖에 없다. 그래서 자연현상, 더욱 적합한 표현으로는 지구적인 자연재난에 의한 기후변화가 있기 때문에 인간 활동에 의한 기후변화는 문제시 할 필요가 없다는 그들의 주장은 문제가 있다. 극단적인 표현으로, "대형 화산의 폭발이나 소행성 충돌 등의 자연현상이 인간 활동에 의한 지구온난화를 해결할 것이다."라는 말과 다를 바 없기 때문이다.

현재의 기후변화, 즉 지구온난화가 빅 히스토리적 관점에서는 일종의 한 주기적 현상으로 무덤덤하게 여겨질 수 있다. 그렇지만 최근 1,000년 동안의 역사에서 지구의 기후는 명백히 인간 활동에 의해서 빠른 속도로 바뀌었고, 그로 인해 지구의 생태계도 좋지 않은 방향으로 변화되었고 또 변화되고 있다는 사실은 심각하게 받아들여질 수밖에 없다. 그래서 기후변화를 이해하기 위한 고기후 자료들의 해석은 종합적으로 빅 히스토리적 관점과 함께 비교적 짧은 역사적 관점에서도 이루어져야 한다. 그래야만 지구의 기후는 왜 변하는지, 그리고 기후변화로 인한 영향은 어떠할 것인지를 우리는 깊이 있게 이해할 수 있다.

인간 활동과 온실가스

지구가 더워지고 있는 현상은 분명 인간 활동과 밀접한 관련이 있다. "인간 활동에 의한 무엇이 지구를 더워지게 만드는 걸까?"

솔직히 말해서 정확히 무엇 하나라고 단정 짓기에는 어려움이 있다. 1차 산업혁명 이후 전 세계에서 본격적으로 다양한 산업활동들이 이루어지면서 지구가 온난해지는 기후변화가 일어났다는 것은 부정할 수 없는 사실이지만, 산업활동을 위한 인간의 활동들은 워낙 다양하고 복합적이기 때문이다. 또한 인간 활동으로 인해 발생하는 환경오염물질들과 환경파괴들이 워낙 다양하다는 사실도 그 어려움의 이유들 중 하나이다. 산림의 파괴, 화석연료의 사용으로 인한 온실가스 및 분진 배출, 도로 포장, 도시화에 따른 에너지 사용의 고밀화, 등등. 기후변화에 영향을 미칠 수 있는 인간들의 활동은 정말로 너무도 많다.

[그림 2.5]를 보자. 1850년대부터 2010년대까지의 기간 동안 '전 지구 평균 육지-해양 표면 온도 편차', '전 지구 평균 온실가스 농도', '전 지구 인위적 이산화탄소 배출량'을 확인할 수 있다. 누누이 앞에서도 말했듯이 지구 표면의 온도가 1차 산업혁명 이후로는, 즉 인간 활동에 의한 산업활동이 활발하게 이루어지는 기간 동안에는 지구 표면의 평균 온도가 꾸준하게 상승하고 있음을 확인할 수 있다([그림 2.5(a)] 참고). 그리고 이 지구 표면의 평균 온도는 이산화탄소(CO_2), 메탄(CH_4), 아산화질소(N_2O), 즉 온실가스들의 농도가 높아짐에 따라 상승하고 있음을 확인할 수 있다([그림 2.5(b)] 참고). 특히, 온실가스들 중 가장 높은 농도로 대기권에 배출되고 있는 물질은 이산화탄소이다. 이산화탄소는 'ppm[15)]'단위로 측정되고 있는 데 반해 메탄과 아산화질소

15) 1×10^{-6}

는 'ppb[16]'단위로 측정되고 있다는 사실에서 알 수 있다. 현재까지의 이산화탄소 배출량은 산림 및 기타 토지의 이용에 의해서이기도 하지만, 그보다는 화석연료의 사용과 플레어링[17], 시멘트의 생산에 의한 영향이 더욱 크다([그림 2.5(c)] 참고).

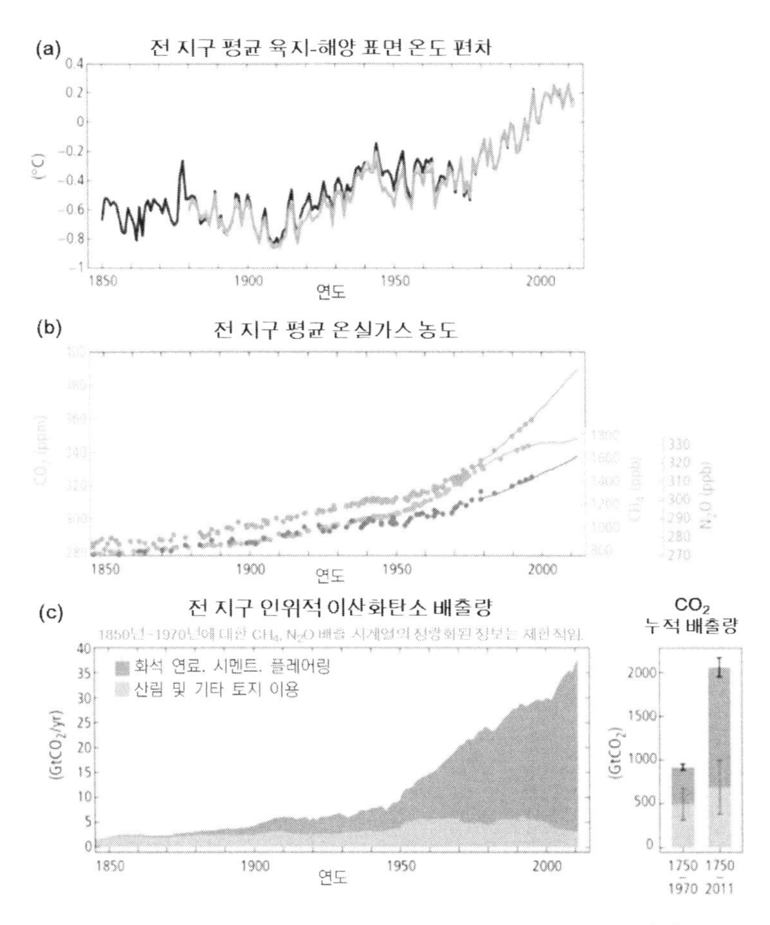

그림 2.5 온실가스 배출 및 지표의 온도 편차 관측 결과[40]

16) 1×10^{-9}

17) 환경에 유해한 폐가스를 연소하는 것을 플레어링(flaring)이라고 한다.

앞에서의 내용들을 종합해 보면 다음과 같다. 첫째, 현재 진행되고 있는 지구 표면의 온도 상승은 인간 활동과 매우 밀접한 관계를 가지고 있으며, 특히 인간 활동에 의해서 인위적으로 배출되는 온실가스는 지구온난화에 지대한 영향을 미치고 있다. 둘째, 이산화탄소는 온실가스들 중 가장 큰 비중을 차지하고 있어 현재의 기후변화에 가장 큰 영향을 미치고 있지만, 그 외의 온실가스들은 극히 미량임에도 불구하고 지구 표면의 온도 상승과 밀접한 연관성을 가진다. 이러한 사실은 메탄과 아산화질소 등과 같은 그 외의 온실가스들이 같은 농도라면 이산화탄소보다 지구온난화에 더욱 큰 영향을 미친다는 것을 의미한다. 지구온난화지수를 잠시 살펴보자. 지구온난화지수(Global Warming Potential, GWP)는 1kg의 이산화탄소와 비교하였을 때 1kg의 어떤 온실가스가 나타내는 온실효과 정도이다. 기준이 되는 이산화탄소를 '1'이라고 했을 때, 메탄은 '21', 아산화질소는 '310', 수소불화탄소는 '1,300', 과불화탄소는 '7,000', 육불화황은 '23,900'이다.[41] 바로 이 지구온난화지수는 앞의 내용을 뒷받침 하는 근거가 된다. 셋째, 기후변화에 지대한 영향을 미치는 요인인 인위적으로 배출되는 온실가스는 '화석연료의 사용', '플레어링', '시멘트의 생산' 등과 같은 산업활동의 결과이다.

봄꽃 개화시기와 산림기후대의 변화

지구의 기후가 변화하고 있다는 증거는 봄꽃이나 여러 식생들로부터도 찾을 수 있다. 그리고 봄꽃 개화시기의 변화나 산림기후대의 변화 등은 기후변화를 입증하는 명징한 증거들이다.

먼저 한반도의 봄꽃 개화시기가 최근 어떻게 변화하고 있는지 살펴보도록 하자. [그림 2.6]은 한반도에 서식하고 있는 147개 수종들의 개화시기를 약

40여 년 동안 관찰한 결과이다. 측정 시기는 계절적으로 한반도에서 봄이 시작되는 2월말부터 여름이 본격적으로 시작되는 7월초까지로 하였으며, 약 40여 년 동안 한반도의 기후가 어떻게 변화되었는지를 확인하기 위하여 측정기간은 '1968~1975년'과 '1999~2015년'으로 구분하였다. 그 결과 한반도에서는 최근 40여 년 동안 약 100여 종에 가까운 수종의 평균 개화일이 6일 앞당겨졌음을 확인할 수 있었다. 특히, 풍년화와 히어리, 생강나무, 백목련 등은 평균 개화일이 10일 이상 앞당겨졌다. 2010년부터 2013년까지의 기간 동안에는 평균 개화일이 늦어지는 수종들이 상당수 있었는데, 그 이유는 '겨울철 이상한파'와 '2~3월의 이상저온현상', '3월말~4월초의 이상꽃샘추위' 등이 나타났었기 때문이다. 그러나 이상기상현상이 나타났었던 그 기간을 제외하고는 한반도에 서식하고 있는 봄꽃들의 평균 개화일이 앞당겨졌음에 따라 한반도가 최근 40여 년 동안 따뜻한 기후로 변화했음을 알 수 있다.

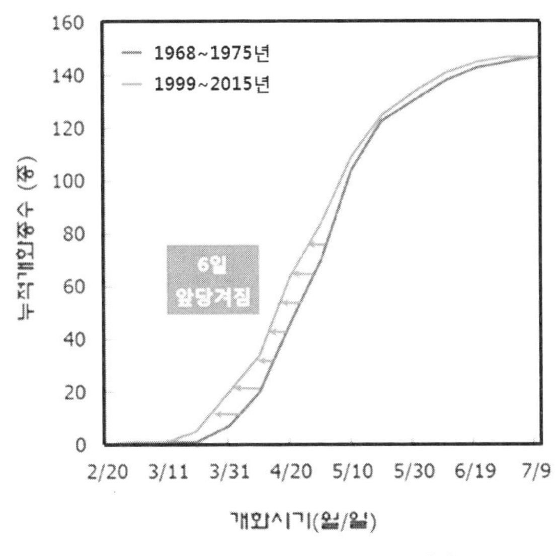

그림 2.6 한반도 봄꽃 개화시기[42]

다음으로 살펴볼 내용은 바로 한반도 산림기후대의 변화이다. [그림 2.7]을 보자. 1970~2000년까지 한반도에 나타났던 평균적인 산림기후대는 '냉온대림'과 '난온대림'이 거의 절대적이었다(냉온대림≥난온대림). 그렇지만 최근까지 산림기후대의 변화추이를 고려하여 2050년의 한반도 산림기후대를 예측한 결과 '냉온대림'은 강원도 고지대에서만 일부 나타나고, '난온대림'은 한반도 전 지역에 널리 분포되어 나타난다. 뿐만 아니라, 이전에는 확인할 수 없었던 '아열대림'이 남부지역에서부터 나타나기 시작한다.[18] 즉, 한반도의 산림기후대는 냉온대림과 난온대림에서 상대적으로 따뜻한 지역에 나타나는 난온대림과 아열대림으로 바뀌어 가고 있다.

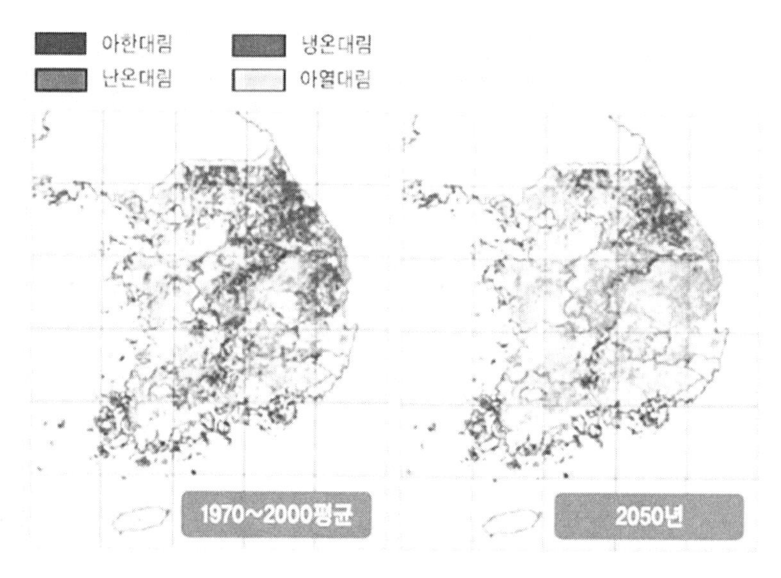

그림 2.7 **한반도 산림기후대의 변화**[43]

18) 여기서 말하고 있는 아한대림, 냉온대림, 난온대림, 아열대림은 산림기후대로서, 따뜻한 지역일수록 '아한대림 → 냉온대림 → 난온대림 → 아열대림'이 나타난다.

비록 한반도에 국한하여 봄꽃 개화시기와 산림기후대의 변화를 제시하였지만, 이것들은 지구가 더워지고 있다는, 즉 지구의 기후가 급변하고 있다는 국지적 규모에서의 신빙성 있고 명징한 증거들이다.

극지의 해빙면적 감소

물리적 관점에서 물질이 상변화를 한다는 것은 외부로부터 에너지가 그 물질에 가해지고 있음을 의미한다. 고체 상태의 얼음이 액체 상태의 물로 녹는다는 것은 외부에서 에너지, 즉 열이 가해지고 있다는 의미이다. 극지의 해빙들 역시 물의 세 가지 상(相)들[19] 중 하나인 고체인 얼음이다. 그런데 이 얼음 상태로 오랜 기간 유지되고 있었던 해빙이 녹고 있다는 것, 즉 해빙면적이 감소하고 있다는 것은 극지방의 기온이 상승하고 있음을 의미한다. 이와 반대로 해빙면적이 증가한다면 극지의 기온이 하강하고 있음을 의미한다.

[그림 2.8]을 보자. NASA에서 인공위성을 이용하여 2002년부터 2016년까지 그린란드(북극 지역)와 남극대륙의 빙하면적을 관측한 결과이다. 북극 지역의 그린란드와 남극대륙의 빙하면적은 매년 지속적으로 감소하고 있다. 그리고 그린란드의 빙하면적은 남극대륙에 비해서 급격하게 감소하고 있다. 약 14년 동안 그린란드의 빙하는 약 3,200Gt(3,200×10^9ton)이 녹아서 소실되었고, 남극대륙의 빙하는 약 1,100Gt(1,100×10^9ton)이 녹아서 소실되었다. 이 두 지역들의 빙하면적이 소실되는 정도의 차이는 연평균 기온이 서로 다르기 때문에 발생한다. 남극대륙의 연평균 기온은 -55℃(내륙 중앙부 기준) 정도인데, 그린란드가 위치한 북극 지역의 겨울철 기온은 -35℃ 정도이고 여름철

19) 일반적인 물질의 세 가지 상(相)은 고체, 액체, 기체이다.

기온은 0℃(또는 영상을 웃도는) 정도이다. 여하튼 지구의 양 극지 빙하면적이 꾸준히 그리고 급격하게 소실되고 있다는 사실은 우리로 하여금 지구온난화, 바로 기후변화를 부정할 수 없도록 한다.

이와 더불어 북극과 남극 지역의 빙하가 대량으로 급격히 소실됨에 따라 지구의 해수면 높이도 매년 꾸준히 상승하고 있다. NASA의 측정값에 의하면, 그린란드의 빙하 소실은 지구 평균 해수면을 매년 0.74mm씩 상승시키고, 남극대륙의 빙하 소실은 지구 평균 해수면을 매년 0.25mm씩 상승시키고 있다. 참고로 이 값들은 NASA에서 GRACE 인공위성을 사용하여 빙하 소실량을 매년 측정하여 계산한 것이기 때문에 다른 측정기구와 계산방법을 사용한다면 그 값들이 달라질 여지가 충분히 있다. 그러나 그것은 정량적인 수치의 달라짐일 뿐, 빙하가 녹아서 소실되고 그로 인해 해수면 온도가 상승한다는 사실은 달라지지 않는다.

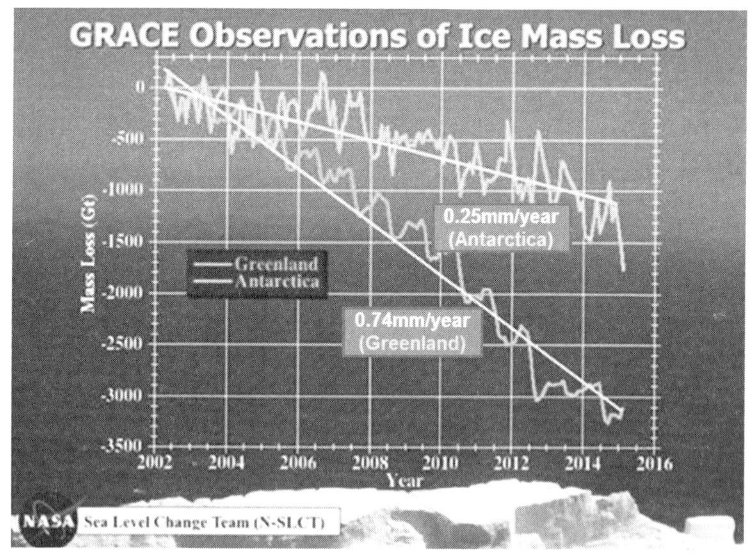

그림 2.8 그린란드와 남극대륙의 빙하면적 변화추이[44]

[그림 2.9]는 북극 해빙면적의 과거 변화추이와 미래 예측도이다. 2007년, 2011년, 2012년에 각각 7일 동안 북극의 해빙면적을 측정한 결과, 그 면적은 급격히 감소하고 있었다. 그리고 이러한 해빙면적의 감소 추이를 고려하여 2100년 여름철 최소한의 해빙면적을 예측한 결과, 과거 2000년 해빙면적의 약 20% 정도만을 겨우 보존하고 나머지는 녹아서 소실될 것이다. [그림 2.9]는 [그림 2.8]에서 측정값으로 확인할 수 있었던 지구온난화, 즉 기후변화가 얼마나 급격하게 진행되고 있으며 또 진행될 것인지를 시각적으로 잘 보여주고 있다. 즉, 북극의 해빙면적 감소 추이는 현재의 기후변화를 시각적으로 증빙하고 있는 증거인 셈이다.

그림 2.9 북극 해빙면적의 변화[45,46]

인구의 급증, 모든 증거들의 원인?

"바이러스에 감염되면 열이 나는데, 그것은 바이러스를 죽이려고 몸이 체온을 높여서죠. 지구도 똑같아요. 지구온난화는 열이고 인류는 바이러스죠. 인류가 지구를 아프게 하니까. 일부를 죽여야만 희망이 있어요. 우리가 인구를 안 줄이면 가능한 시나리오는 딱 두 가지죠. 숙주가 바이러스를 죽이거나, 바이러스가 숙주를 죽이거나.(발렌타인 역, 영화 'Kingsman : The Secret Service', 2015)"

"지구상의 인구가 10억 명이 되는 데 100,000년이 걸렸습니다. 20억 명이 되는 데는 100년이 더 걸렸고요. 그 2배가 되는 데 겨우 50년이 걸렸죠. 1970년엔 40억 명이었고, 지금은 80억 명에 가깝습니다. …(중략)… 40년 후면 320억 명이 살려고 발버둥 칠겁니다. 그러나 실패하겠죠. …(중략)… 지구상의 모든 질병은 인구과밀이 그 원인입니다. 하지만 산아제한 정책은 성공할 수 없습니다. '말도 안 돼! 이건 인권 침해요!', '사생활 침해라고! 내 삶에 간섭하지 마시오!' 그러면서도 우리는 계속 환경을 파괴하죠. 지구 역사상 지금까지 5차에 걸친 대멸종이 있었습니다. 당장 과감한 조치를 취하지 않으면 6번째 멸종 대상은 우리가 될 겁니다!(조브리스트 역, 영화 'Inferno', 2016)"

"온실가스 방출을 두 배로 늘렸고 산림 벌채 비율은 올리고 지구를 황폐화 했지. 네가 이렇게 말했잖아, 파멜라. '인간은 강제로 시키지 않으면 전혀 신경쓰지 않는다.' 우리 바이러스가 활성화 되면 이 행성에 사는 모든 사람이 친환경적으로 변할 수밖에 없을 거야.(제이슨 우드루 역, 애니메이션 'Batman and Harley Quinn', 2017)"

※출처 : Google 검색(검색어 : Kingsman, Inferno, Batman and Harley Quinn)

그림 2.10 기후변화에 대한 내용을 담고 있는 영화들

나 개인적으로 무척이나 재밌고 흥미롭게 보았던 영화들인 'Kingsman : The Secret Service', 'Inferno', 'Batman and Harley Quinn'에서 악당 역을 맡았던 배우(혹은 캐릭터)들이 스크린 상에서 말했던 대사들이다. 이 영화들은 기본적으로 기후변화와 같은 지구적인 환경문제가 인구과밀, 산업화, 경제성장 등 인간들 때문에 발생했다고 전제한다. 그리고 영화 속 악당들은 '지구를 살리고 인류의 멸종을 막아야 한다'는 그들 나름의 신념에 의해서 강제적인 방법으로 인구를 줄이거나, 유전적인 방법으로 인간 종 변이를 일으켜야 한다는 무서운 음모들을 계획하고 행동으로 옮긴다.[20]

기후변화가 전 세계적으로 이슈화 되면서 최근에는 영화나 만화 등에서 그것이 소재거리로 많이 활용되고 있다. 그리고 하루라도 빨리 기후변화를

20) 이 영화들에서는 악당들이 거의 100% 치사율을 가지는 바이러스를 무작위로 유포하거나, 특정 파장의 치명적인 주파수를 내보내어 인류를 대량 학살하는 방법들이 나온다. 또한 인간의 유전자를 변화시켜, 즉 돌연변이로 만들어 지구를 더 이상 위험에 처하지 못하도록 하는 방법도 나온다.

막아야 한다는 신념에 그릇된 판단을 하고 전 인류에 위해(危害)를 가하는 계획을 가진 악당들은 인간 그 자체를 바이러스와 같은 존재로 여긴다. 이 악당들의 행동은 정말 참혹하고 반인류적인 것이지만, 그들이 행동을 취하게 된 그 동기와 신념을 차근히 들어보면 논리적일뿐더러 옳다는 생각마저도 든다.

비단 영화나 만화에서만이 아니다. 실제로 학계나 정치권 등지(等地)에서 그 악당들의 주장과 매우 흡사한 논리를 펴는 사람들이 적지 않다. 유럽의 경제학자들 사이에서는 한때 태어나는 신생아들에 대해서 세금을 부과하자는 '아기세(baby tax)'가 논의된 바 있고, 매우 극단적인 단체들은 현재 지구가 처한 위기는 인구가 너무도 급증하여 발생한 것으로 어떠한 방법을 써서든 인구를 감소시켜야 한다고 주장한다. 이들만이 아니라, 전 세계 대다수의 사람들이 그 해결방법에 있어서는 각기 다른 차이들이 있지만 기후변화의 중심에는 '인간'이 있다는 데 동의한다.

"왜일까?"

이 질문에 답하기 위해서 지금부터는 '인구의 급증'이 기후변화가 발생하는 데 어떠한 역할을 했는지 살펴보자.

[그림 2.11]을 보자. 인류는 농업혁명[21]이 일어난 이후부터 점진적으로 그 수가 증가하였고, 산업혁명이 일어난 이후에는 인구가 매우 급격하게 증가하였다. 단, 인구가 급격하게 감소한 사건이 한 번 있었는데, 바로 흑사병(Black death)이 그 사건의 원인이었다. 흑사병은 14세기 동안 유럽과 아시아 상당수의 지역들에서 발생했고, 전 세계 인구의 약 25%를 죽게 만들었다. 18세기 중엽에는 서구 유럽을 중심으로 산업혁명이 일어나면서 농업에 지대한 영향

21) 농업혁명은 신석기 혁명이라 불리기도 하며, B.C. 약 7,000년경에 일어났다.

을 미치게 된다. 바로 인간의 육체적 노동을 대신할 수 있는 농기계들의 개발 및 발전으로 밀, 옥수수, 감자, 고구마, 쌀 등의 곡물들을 높은 생산성으로 수확할 수 있도록 한 것이다. 여러 곡물들을 대량으로 생산 가능하도록 만든 산업혁명은 인구의 급증으로 이어졌다. 2016년 기준 전 세계 인구는 약 73억 명 정도로 추산된다. 하지만 산업혁명이 일어나기 이전에는 전 세계 인구가 10억 명에도 못 미쳤다. 그리고 농업혁명이 일어나기 이전인 B.C. 8,000년경에는 그 인구가 대략 1억 명 내외에 불과했다.22)

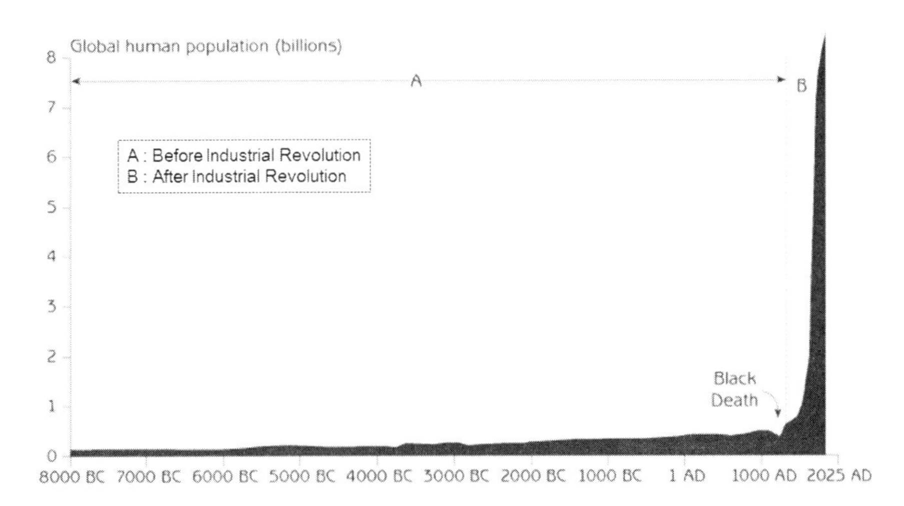

그림 2.11 전 세계 인구수 변화[47]

18세기 중엽 산업혁명이 일어난 이후 전 세계 인구의 급격한 증가는 가축의 수에도 상당한 영향을 미친다. 산업혁명과 함께 발전한 과학기술은 인간의 노동력을 대신할 수 있는 기계들을 개발하는데 상당한 기여를 했고, 그

22) 어쩌면 이보다 더 적었을지도 모른다.

기계들은 더 이상 가축들이 농업에 있어서 인간의 노동력을 대신하지 않도록 했다. 대신에 가축들은 반려동물로서 키워지는 일부 종들을 제외하고는 인간들의 단백질원인 식료품으로 취급되었다. 그래서 축산업이 급격하게 성장하였다. 즉, 인구의 급증은 자연스럽게 육류 소비의 수요 증대로 이어지면서 축산업이 급속도로 성장하도록 했다. 또한 농업의 생산성 향상으로 인간들에게 필요한 곡물들뿐 아니라 가축들에게 필요한 사료용 곡물들도 충분히 제공 가능해지면서 축산업의 성장을 촉진했다.

[그림 2.12]를 보자. 바로 앞에서 설명한 내용을 데이터로써 보여주고 있다. 이 그래프에서는 1961년부터 2011년까지 전 세계 인구가 약 30억 명에서 70억 명 정도로 증가되었음을 확인할 수 있다. 이와 더불어 인류가 가축화하여 키우고 있는 대표적인 동물들, 즉 돼지, 소, 닭은 전 세계 인구의 증가와 유사한 패턴으로 증가했다. 1961년부터 2011년까지 돼지의 경우에는 약 2,400만ton에서 1조 1,000만ton 정도로, 소의 경우에는 약 3,000만ton에서 6,300만ton 정도로, 닭의 경우에는 약 900만ton에서 8,800만ton 정도로 증가했다. 우리가 가축으로 키우고 있으되 대중적인 육류 소비종으로 여기지 않는 양과 염소의 경우, 동일한 기간 동안에 그 수가 증가를 하기는 하였으나 그 증가폭이 매우 미미하였다. 양의 경우에는 약 600만ton에서 800만ton 정도로, 염소의 경우에는 약 100만ton에서 400만ton 정도로 소폭 증가했으니 말이다.

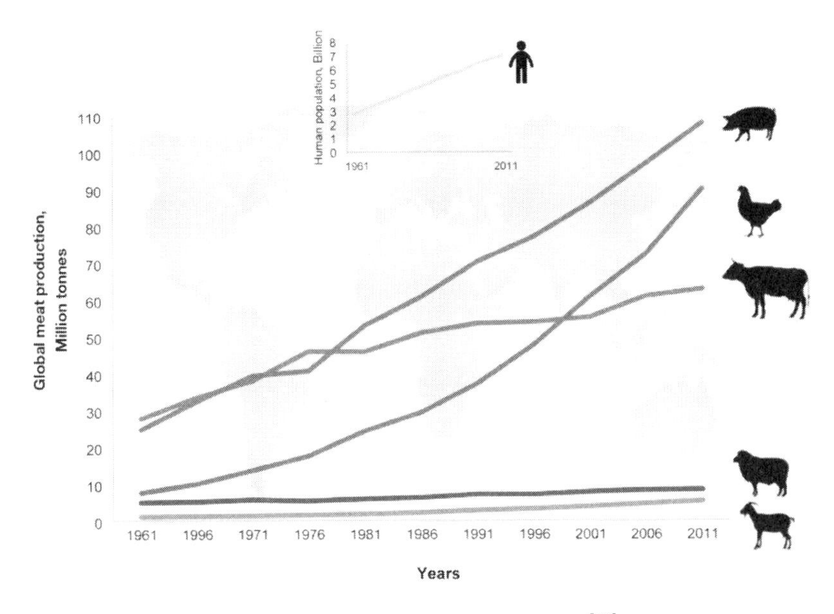

그림 2.12 전 세계 육류 생산량 추이[48]

지구온난화지수의 개념을 살펴보면서 알 수 있었듯이 메탄은 현재의 기후변화에 지대한 영향을 미치고 있는 온실가스들 중 하나이다. 그리고 지구온난화에 대한 기여가 이산화탄소에 비해서 무려 21배나 높다. 이러한 메탄의 대기 중 농도 증가는 축산업의 발전과 밀접한 연관성을 가진다. [그림 2.13]을 보자. 반추동물(Ruminant)들은 대기권으로 상당량의 메탄을 배출하고 있는데, 그 비중이 무려 30%에 달한다. 조금 더 자세히 살펴보자. 축산용 소(Cattle)들은 그 메탄 배출량에 77% 정도를 기여하고 있다. 야생의 물소(Buffalo)들은 14% 정도를, 그리고 염소나 양 등의 소형 반추동물들은 9% 정도를 그 메탄 배출량에 기여하고 있다. 염소나 양은 식용으로 사육되기도 하지만, 그보다는 유제품 및 의류 산업 등을 위해서 주로 사육되고 있다.

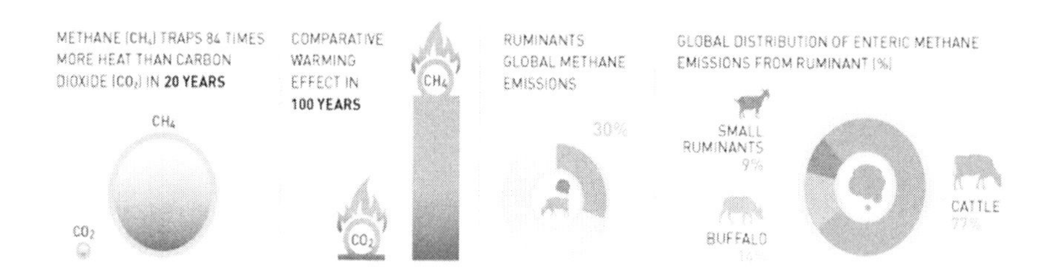

그림 2.13 가축들에 의해서 배출되는 메탄[49]

연간 1인당 육류 소비량이 가장 많은 국가인 미국은 축산업도 그만큼 발전되어 있다.23) 즉, 식용으로 사용되는 소들이 상당히 많이 사육되고 있다는 의미이다. 미국에서 사육되고 있는 소들은 연간 약 550만ton의 메탄을 대기 중으로 배출한다. 그리고 그 양은 미국에서 배출되는 매탄 총량의 20%에 달한다([그림 2.14] 참고).

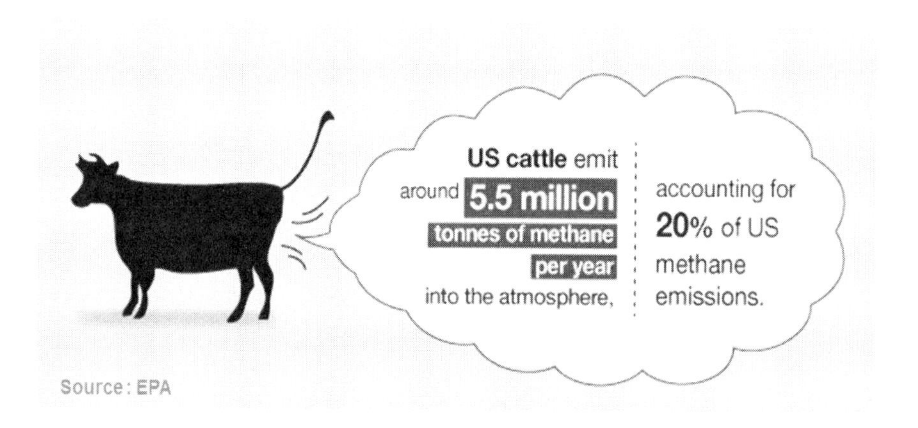

그림 2.14 미국 축산용 소들에 의해서 배출되는 메탄[50]

---

23) 연간 1인당 육류 소비량이 가장 많은 국가는 미국(89.7kg)이며, 아르헨티나(85.4kg), 이스라엘(84.2kg)이 그 뒤를 이었다. 반대로 가장 적은 국가는 방글라데시(2.1kg)이며 인도(2.6kg), 에티오피아(2.8kg)가 그 뒤를 이었다.[51]

결과적으로 농업혁명과 이로 인한 인류의 급증은 축산업의 발전을 촉진했고, 축산업의 발전으로 인한 가축수의 급격한 증가는 메탄의 대량 배출로 이어졌다. 그리고 그것은 기후변화에 적지 않은 기여를 했다. 라젠드라 파차우리(Rajendra Pachauri) 전 IPCC 의장은 고기 1kg을 얻기 위해서는 이산화탄소가 36.4kg이 발생되며, 인류의 채식 위주 식습관은 지구온난화를 방지하는데 효과적이라고 말한 바 있다. 엘 고어(Al Gore) 전 미국 부통령 역시 이와 같은 견해를 피력한 바 있다. 라젠드라 파차우리와 엘 고어 등과 같은 사람들의 기후변화 대책으로서 인류의 채식 주장은 나름대로 일리가 있다.

전 세계 인구의 급증은 경제학적으로 해석했을 때 시장에서의 수요가 급격하게 많아졌음을 의미한다. 다시 말해 전 세계 시장의 급성장 가능성이 높아졌고, 재화의 대량 생산 필요성이 발생하고 있음을 의미한다. 증기기관의 발명을 시발점으로 이후 여러 차례의 산업혁명들이 이루어지면서 전 세계 산업활동은 매우 활발해 졌다. 그리고 그 산업활동을 위한 에너지원으로 화석연료를 다량 사용하게 되면서 대기권 내 이산화탄소 농도는 급격하게 높아졌다. 익히 알고 있듯이 이산화탄소는 현재 기후변화의 주범이다. 그런데 이산화탄소의 급증 원인은 바로 전 세계 인구의 급증이다.

전 세계의 도시화는 인구의 급증과 직접적인 연관성이 있다. [그림 2.15]를 보자. 전 세계 인구 변화와 전망을 보여주고 있는 이 그래프는 1950년부터 2013년(조사일 기준 현재)까지의 인구 변화는 물론 2050년까지의 인구 전망도 보여주고 있다. 우선 1950년부터 2013년, 그리고 미래인 2050년까지 전 세계 인구는 25억 명에서 72억 명으로, 그리고 96억 명으로 지속적인 증가세를 나타낸다. 동일한 기간 동안에 도시 인구는 18억 명에서 39억 명으로, 그리고 63억 명으로 지속적인 증가세를 나타낸다. 즉, 도시 인구는 전 세계 인구와 함께 지속적인 증가세이다. 전 세계 인구 대비 도시 인구의 비율은

1950년 30%, 2013년 54%, 2050년 66%로 급격히 증가하고 있다. 반면에 농촌 인구는 그렇지 못한 듯 보인다. 동일한 기간 동안에 농촌 인구는 7억 명에서 34억 명으로, 그리고 32억 명으로 둔화되는 증가세를 보이다가 차차 감소하는 추세를 나타낸다. 전 세계 인구 대비 농촌 인구의 비율은 1950년 60%, 2013년 46%, 2050년 33%로 확연하게 급감하고 있다. 따라서 우리는 인구의 급증이 전 세계 도시화와 아주 밀접한 관계를 가지고 있음을 알 수 있다.

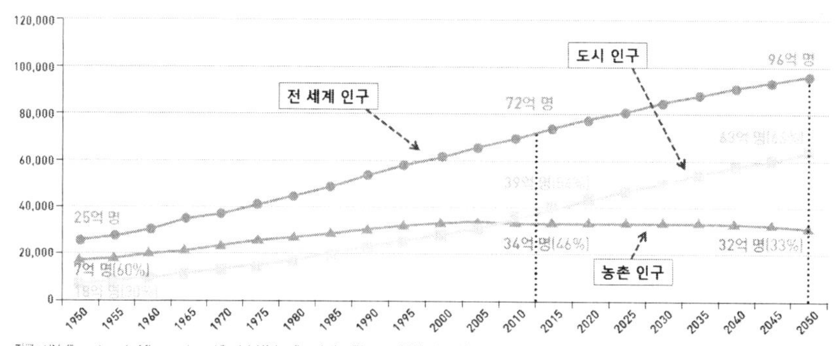

자료 : UN, Department of Economic and Social Affairs, Population Division, 2014, World Urbanization Prospects: The 2014 Revision, CD-ROM Edition, 자료 분석

그림 2.15 전 세계 인구 변화와 전망[52]

전 세계 인구의 급증으로 인해 급격하게 진행되고 있는 전 세계의 도시화는 지구의 표면 온도를 상승시키는 데 적지 않은 기여를 하고 있다. 그 원인은 바로 도시의 열섬현상이다. 도시에는 매우 높은 밀도로 인구가 밀집해 있다. 그렇기 때문에 도시 대기층에는 많은 미세먼지가 부유(浮遊)하고, 이산화탄소 등의 온실가스도 다량 배출되어 있다. 그리고 한정된 면적 내에서 많은 사람들이 모여 살기 때문에 대부분의 건물들이 초고층화 및 초고밀화 되어 있다. 그래서 동일한 면적 대비 에너지의 사용량이 매우 높다. 뿐만 아니라, 도시의 대부분 지표면들은 아스팔트로 포장이 되어 있어 알베도가 매우 낮다. 이러한 도시의 특성들로 인하여 도시는 열섬현상을 나타낸다. 따라서 전

세계적으로 도시가 증가하고 있다 함은 전 지구적으로 열섬현상이 확대되고 있음을 의미한다.

[그림 2.16]을 보자. 이 그림은 2000년대 전 세계 도시들의 열섬현상 강도를 나타내고 있는데, 인구가 밀집되어 있고 도시화가 이루어진 지역에서 열섬현상 강도가 높게 나타나고 있음을 확인할 수 있다. 북아메리카 상당수의 지역들은 위도 상 유사한 위치에 있는 여타 지역들보다 열섬현상 강도가 높게 나타나고 있다. 그 이유는 우리가 익히 알고 있듯이 미국이 위치해 있는 지역이고 미국은 인구 밀도가 높은 대형 도시들이 많이 형성되어 있기 때문이다.

전 세계적으로 인구가 급격하게 증가하고 도시화가 이루어지면 전 지구적으로 높은 강도의 열섬현상이 나타날 수밖에 없다. 그리되면 결과적으로 지구 표면의 온도는 높아진다. 즉, 전 지구적인 도시화는 지구온난화가 발생하는 원인들 중 하나가 되는 셈이다. 따라서 인구의 급증은 전 지구적인 도시화를 촉진하고 기후변화를 유발하는 중요한 요인이다.

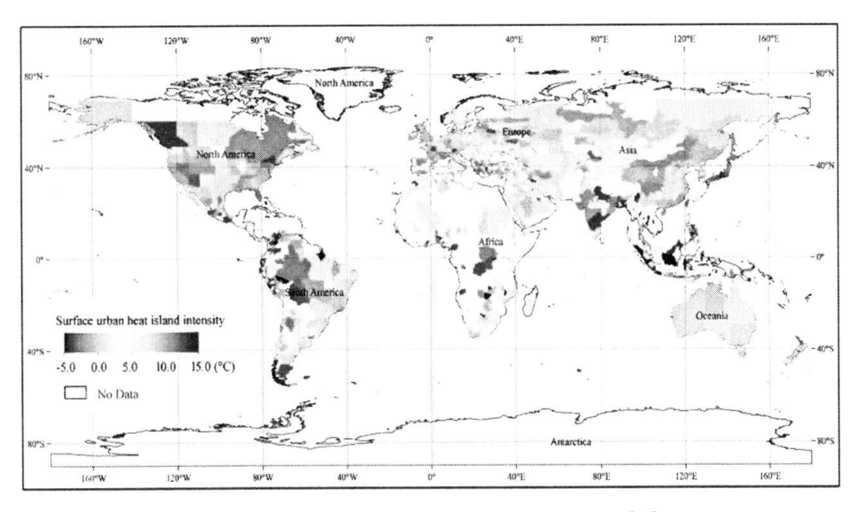

그림 2.16 전 세계 도시들의 열섬현상 강도[53]

직면하고 있는 문제들

03
CHAPTER

인류를 향한 경고,

기후변화

03 CHAPTER
직면하고 있는 문제들

인간 활동으로 인하여 급속도로 진행되고 있는 기후변화는 현재 여러 문제들을 발생시키고 있다. 기본적으로 그 문제들은 급격한 지구의 환경적 변화이지만, 그로 인하여 파생되는 문제들은 지구상의 전 생물종들과 인류의 생존에 대한 문제들이다. 인류와 관련된 문제들을 단순히 생존에 대한 문제들로 취급하기에는 무리가 있다. 정치, 사회, 경제, 산업, 국제관계 등의 분야와 그 문제들이 서로 복잡하게 얽혀 있기 때문이다. 그럼, 지금부터는 지구에서 살아가고 있는 인류와 전 생물종들이 어떠한 문제들에 직면하고 있는지 살펴보도록 하자.

지도상에서 사라져가는 지역들

"바닷물 침수 때문에 이주해야 했던 마을도 있고, 파도가 밀려와 연못과 우물을 오염시켜 농작물을 망친 적도 있다. 예전에도 그런 일이 있었지만 문제는 그 빈도가 잦아지고 있다는 점이다. 3월(2015년)에는 바누아투를 강타한 사이클론 '팸'의 영향으로 많은 섬이 큰 피해를 입고 집들이 파도에 휩쓸

려갔다. 이런 현상은 키리바시에서도 처음 있는 일이다. …(중략)… 나는 키리바시 국민이 난민이 되는 것을 원치 않을 뿐 아니라 난민이라는 개념 자체를 거부한다. 기후변화는 우리가 정치적, 경제적으로 관리를 잘 못해서 일어나는 일이 아니다. 세계 다른 곳에서 결정되고 진행돼 온 결과일 뿐이다. 우리는 집을 잃더라도 존엄성까지 잃을 수는 없다. 우리는 앞으로 생길 일에 대해 준비할 시간과 기회가 있다. '존엄한 이주'란 국민이 선택한 공동체에서 차별받지 않고 기여하는 사람이 되도록 준비하는 것이다. 편안하게 자신감, 자부심을 갖고 이주하는 것이다."[54]

"지난 수십 년간 미국을 비롯한 선진국이 에너지를 펑펑 쓴 대가로, 엉뚱하게 수천 킬로미터 떨어져 있는 평화로운 섬나라가 사라질 위기에 처해 있다."[55]

키리바시(Kiribati)의 아노테 통(Anote Tong) 대통령과 투발루(Tuvalu)의 콜로아 타라케(Koloa Talake) 전 총리가 기후변화로 인해 자국이 수몰되고 있음을 국제사회에 호소한 내용이다. 키리바시와 투발루는 남태평양에 위치한 작은 섬나라들이다. 이 나라들은 대륙에 있는 나라들에 비해서 해발고도가 낮고 대양에 둘러싸여 있는 작은 섬들에 위치해 있기 때문에 해수면이 상승하게 되면 대부분의 국토가 수몰되어 버린다. 그러면 이 나라들은 지도상에서 그 지역이 사라질 뿐 아니라 당장 그 국민들은 살아갈 터전을 잃어버리게 되어 생존과 직결되는 문제에 직면하게 된다. 마치 전설의 섬 '아틀란티스(Atlantis)[1)]'처럼 말이다.

---

1) 아틀란티스(Atlantis)는 지상낙원으로 묘사되는 전설의 섬이다. 이 섬은 갑작스러운 자연현상에 의해서 찬란한 문명을 뒤로 한 채 수몰되어 사라졌다고 전해지며, 고대 그리스의 대철학자 플라톤(Plato)에 의해서 처음으로 소개되었다고 한다. 지금의 대서양(Atlantic Ocean)은 그 어원을 아틀란티스에서 찾을 수 있는데, 그 이유는 바로 대서양 지역이 아틀란티스가 위치해 있었던 곳이라고 알려져 있기 때문이다.

"현재 지구의 해수면은 얼마나 많이 상승했을까? 그리고 그 상승세는 앞으로도 계속될까?"

지구의 해수면 상승은 키리바시나 투발루 같은 섬나라들의 존립과 직결되는 문제이면서, 대륙에 위치한 여러 연안 지역들의 수몰 위험과도 직접적으로 연관되어 있는 문제이다. 그래서 우리는 지구의 해수면 변화를 반드시 살펴보아야만 한다. [그림 3.1]을 보자. 1870년부터 2008년까지 미국의 콜로라도대학교(University of Colorado)와 호주의 연방과학원(Commonwealth Scientific and Industrial Research Organisation, CSIRO)이 인공위성을 사용하여 관측한 해수면 변화이다.

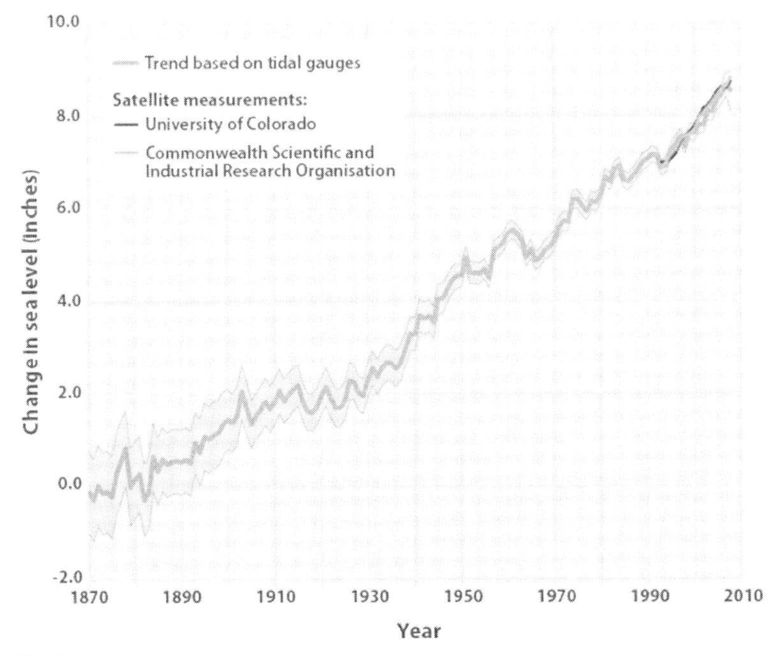

Data sources:
- CSIRO (Commonwealth Scientific and Industrial Research Organisation). 2009. Sea level rise. Accessed November 2009. http://www.cmar.csiro.au/sealevel.
- University of Colorado at Boulder. 2009. Sea level change: 2009 release #2. http://sealevel.colorado.edu.

그림 3.1 지구 해수면 높이의 변화(1870~2008년)[56]

우선 1870년 첫 관측을 시작한 해(year)의 해수면 높이는 기준의 의미로서 '0inch'이다. 그 이후로 2008년까지 해수면 높이를 관측한 결과를 보면 1870년 측정된 해수면 높이보다 낮게 측정된 적은 없었다. 해수면 높이는 매년 꾸준하게 상승하였으며, 2008년에는 1870년에 비해서 약 9인치(inches) 정도 높게 측정되었다. 이러한 해수면 높이의 변화는 '인간 활동에 의한 온실가스 배출량 증가, 그로 인한 지구 온도의 상승, 그 결과로 나타나는 극지방 빙하 면적의 소실' 때문에 발생하는 현상이다.

현재는 물론 당분간은 여러 이유들로 인하여 인류가 지구에서 산업활동을 계속할 수밖에 없다. 온실가스의 배출을 최소화하고 대기권으로 기배출된 온실가스를 감축(減縮)한다 하더라도, 인류가 산업활동을 계속하는 동안에는 온실가스가 전혀 배출되지 않을 수 없다. 전 세계 인구가 지속적으로 증가하고 도시인구도 급증하고 있는 상황에서는 더욱이 그러하다. 따라서 전 세계 인구가 갑작스럽게 줄어들지 않는 한, 그리고 산업활동을 멈추지 않는 한 지구 해수면의 높이는 앞으로도 꾸준히 상승할 것이고, 수몰 위험에 직면하는 지역들도 점차 많아질 것이다.

급변하고 있는 지구 생태계

북극의 해빙면적이 매년 급속도로 감소하여 북극곰과 북극에 터를 잡고 살아가는 생물들이 위기에 처해있다는 말을 다들 한 번쯤은 들어봤을 것이다. 북극 생물들이 처한 생존환경의 심각성을 크게 부각시키기 위해서 촬영된 사진이지만, 그럼에도 불구하고 [그림 3.2]는 북극 생태계가 처한 위험을 아주 잘 보여주고 있다.

※출처 : SeaLegacy.org

그림 3.2 생활터전을 잃고 굶주리는 북극곰[57]

북극에 넓게 분포되어 있던 빙하들이 지구온난화로 인하여 급격히 줄어들면서 북극곰을 비롯한 북극에 터를 잡고 살아가던 생물들이 적지 않은 변화를 겪게 되었다. 2010년 12월 20일 파이낸셜뉴스에서 보도하였던 '북극 순종동물 줄고 잡종동물 는다'라는 기사내용을 살펴보면 북극과 그 인접한 지역들의 생태계에 일어나고 있는 변화를 확인할 수 있다.

"지난 2006년 북극지방 주변에서 한 곰이 사냥꾼들에게 사살됐다. 이 곰은 갈색털이 뒤섞인 흰색 곰이었는데 조사결과 놀랍게도 북극곰과 회색곰의 잡종이었다. 그 뒤로 이러한 잡종들이 늘어나고 있다. 북극의 기온이 조금씩 온난해지면서 회색곰들이 북극으로 '세력 확장'을 하는 셈이다. 이러한 잡종은 현재 곰에서만 나타나는 것이 아니다. 더욱 희귀한 동물인 일각돌고래와 흰

돌고래의 잡종도 최근 2~3년 사이 점차 목격되고 있다. 2008년에는 잔점박이물범과 흰띠박이물범의 잡종들이 몇 마리 발견됐다. 2009년에는 북극고래와 참고래의 잡종도 발견됐다. 잡종이 점차 늘어날 경우 희귀한 북극동물들의 생존 가능성은 더욱 희박해진다. 특히 잡종들의 번식이 가능할 경우 동일한 지역에서 순종들과 먹이경쟁, 번식경쟁 등을 통해 순종의 생태계를 압박하게 되기 때문이다. …(중략)… 이러한 변화가 지속될 경우 다른 생태계에도 악영향을 끼치게 된다. 기존 북극동물들이 멸종하기 시작하면서 일어날 먹이사슬의 대혼란은 결국 인간에게까지 피해를 줄 수 있어서다."[58]

나는 이 기사내용을 몇 번이나 읽어봤는지 모른다. 그리고 그 잡종동물들을 찾아보고자 인터넷 포털 사이트들을 통하여 얼마나 검색을 해 보았는지 모른다. 당시의 내 느낌을 그대로 표현할 수 있는 단어가 있다면, 바로 그것은 '충격과 놀라움'이었다. 인간 활동으로 인해 빚어진 지금의 기후변화가 북극 생태계를 급격하게 변화시키고, 그 생태계의 변화는 인간들에게 다시 영향을 미칠 수 있다는 사실! 바로 그 사실이 나에게는 '충격과 놀라움'일 수밖에 없었다.

북극 생태계에만 변화가 일어나고 있는 것은 아니다. 전 지구적으로 생태계 변화는 급격하게 일어나고 있다. 한반도와 그 주변 지역에서도 뚜렷하게 나타나고 있는 생태계의 변화를 확인할 수 있다. 다음의 내용들을 보자.

"수온이 올라가면서 아열대 어종이 제주도는 물론 동해안까지 북상해 출현하고 아열대 해조류도 나타나고 있다. …(중략)… 동해안 아열대 어류 출현은 노랑자리돔(2009년 9월 영덕 대진), 쏠배감펑(2009년 10월 울진), 바다뱀(2010년 8월 삼척), 쥐가오리(2010년 8월, 10월 울진 후포, 영덕 강구), 고래상어(2010년 10월 울진 후포), 실전갱이(2010년 9월 10월 강원도 고성군 대진, 양양군 남애), 눈퉁멸(2010년 10월 고성군 대진), 흑가오리(2010년 9월 고성군 대진), 돛새치(2010년 9월 울진 후포), 꼬치삼치(2010년 9월 울진 후포), 줄벤자리(201년 9월 고상군 대진), 가시복·강담돔(2010년 9월 고성군 대진), 긴가라지·갈전갱이·뿔돔(양양 남애), 게르치(2010년 11월 울릉도) 등이다."[59]

"기후변화로 해수 온도가 상승하면서 주로 열대·아열대에 사는 바다뱀이 러시아 근해에서도 나타났다는 보고가 있다. 한반도 해역으로 유입되는 바다뱀이 늘어나고 있으며, 앞으로는 더 그럴 것이다. …(중략)… 바다뱀이 주로 대만과 류큐열도 남부에서 타이완난류나 쿠로시오해류를 타고 한반도 해역으로 들어왔음을 시사한다. 지구온난화로 인해 이 해수의 유입이 많아질수록, 바다뱀의 유입도 확대될 것으로 예상한다.2)"[60]

<침묵의 봄(Silent Spring)>을 저술한 레이첼 카슨(Rachel Carson)은 지구의 모든 생태계는 유기적으로 연관되어 있어 어느 한 생태계에 문제나 급격한 변화가 발생하면 다른 생태계는 물론 인간들에게도 영향을 끼친다고 일평생을 주장했었다. 1950년대부터 60년대까지 합성살충제로 인한 자연생태계 오염의 문제를 <침묵의 봄>을 통하여 제기했었던 당시만 하더라도 지구의 모든 생태계가 유기적으로 연관되어 있다는 주장을 사람들은 믿기 어려워했었다. 아니, 화학산업으로 자본권력을 거머쥔 이들은 그 주장을 믿지 않으려 했을 뿐만 아니라 묵살하려고까지 했었다. 하지만 지금은 그 주장이 거의 모든 사람들에게 당연한 상식으로 받아들여지고 있다. 우리가 왕왕 사용하고 있는 '어머니 지구(Mother Earth)'나 '어머니 자연(Mother Nature)'이라는 표현이 어색하지 않은 이유도 바로 여기에 있다. 다소 말을 에둘러하는 감이 있지만, 내가 여기서 말하고 싶은 것은 바로 인간 활동으로 인해 빚어진 기후

2) 이 인용문은 신문기사의 내용을 그대로 인용하기에 문장들이 매끄럽지가 않아 부분적으로 수정하여 인용하였음을 밝힌다.

변화가 궁극적으로 우리 인류에게도 위협이 되고 있다는 사실이다.

기후변화, 즉 지구온난화로 급격하게 전 세계 각지의 생태계는 변화하고 있다. 극한(極寒)의 지역은 점차 따스해지고 있고, 온난했던 지역은 보다 더워지고 있으며, 더웠던 지역은 뜨거워지고 있다. 이 때문에 극한의 지역 등지에서 살아가고 있던 생물종들은 멸종위기에 처해 있다. 각국은 뒤늦게 다양한 생물종들의 멸종을 막아야 한다며 '생물다양성보존협약[3]'을 체결하였고, 이를 위하여 각고(刻苦)의 노력들을 하고 있다.

이상기상(異常氣象)

이상기상은 인간사회에 엄청난 경제적·비경제적 피해를 입히고 있으며, 인간의 생존에도 지대한 위협을 가하고 있다. 이상기상은 일반적으로 예년과는 확연히 다른 기상현상을 말하는데, 조금 쉽게 예를 들어 설명하자면 다음과 같다.

"내가 기억하기로 김포시에는 5월에 우박이 내린 적이 근래 몇 년을 제외하고는 과거 30년 동안 한 번도 없었다. 김포시의 5월은 평균적으로 기온이 포근하고 강수량이 많지 않은 시기이기 때문에 그렇다. 벌써 80년 넘게 이곳 김포시에서 터를 잡고 살아오신 김꽃분 할머니는 기상이 평년과는 유별나게 다른 날들이 간혹 있기는 했었지만 그러한 날들은 정말 '간혹'이었고, 특히

3) 생물다양성보존협약(Convention on Biological Diversity, CBD)은 1992년 6월 브라질 리우데자네이루에서 열린 '유엔환경개발회의(United Nations Conference on Environment and Development, UNCED)'에서 체결되었다. 이 협약의 목적은 지구상의 생물종들을 보호하기 위함이다. 그러나 그 목적 이면에는 각국들의 생물자원에 대한 이권 경쟁이 첨예하게 이루어지고 있다.

5월에 우박이 내렸던 적은 자신이 평생을 살아오면서 근래 말고는 없었다고 말했다. 5월에 내리는 우박으로 인해 김포시는 비닐하우스, 자동차, 건물 등이 파손되는 경제적 피해를 입고 있다. 그래서 김포시의 지방정부 관계자들과 지역민들은 5월의 '이상기상'에 대한 대책마련에 여념이 없다."

이상기상이란 바로 이러한 개념이다. 즉, 과거에 경험한 기상들과 큰 차이를 보이는 기상현상을 의미하며, 이것은 개념적으로 관찰자(경험자)의 주관이 어느 정도 포함이 될 수밖에 없다. 그래서 세계기상기구는 '30년에 한 번 정도 일어나는 기상현상'을 이상기상으로 정의하자고 제안한 바 있다.

전 세계 각지에서 이상기상이 빈번하게 발생하고 있음은 전 지구적으로 기후가 변화되고 있다는 의미이다. 그것도 최근 몇 년, 또는 몇 십 년이라는 짧은 기간 동안에 이상기상이 전 세계 각지에서 나타나고, 나날이 그 정도가 심해지고 있음은 인류를 포함한 지구상의 전 생물들이 짧게는 수백 년 길게는 수십만 년 동안 적응해 온 생활환경이 급변하고 있다는 의미이다. 다시 말하자면, 지금의 이상기상은 우리의 생존에 직접적인 위협이 되고 있다는 의미이다.

<표 3.1>은 1970년대부터 2000년대까지 한반도에서의 연평균 폭우 발생 횟수를 보여준다. 3시간 동안 100mm 이상의 폭우가 내린 횟수는 1970년대 3.7회, 1980년대 6.8회, 1990년대 6.5회, 2000년대 8.6회로, 시간이 지나면서 점차 그 횟수가 많아지는 추세이다. 1시간 동안 50mm 이상의 폭우가 내린 횟수 역시 시간이 지나면서 점점 많아지는 추세인데, 그 기록을 보면 1970년대 5.1회, 1980년대 10.0회, 1990년대 10.3회, 2000년대 12.3회였다. 한반도는 점점 시간이 지날수록, 아니 시간이 지남에 따라 지구온난화가 심화될수록 단시간 내 많은 양의 비가 내리는 폭우의 발생이 많아지고 있는 상황이다. 폭우의 발생빈도가 높아지는 현상은 비단 한반도만의 문제는 아니다. 미국,

일본, 인도, 베트남, 태국, 유럽, 중국 등 세계 각지에서 발생하고 있는 전 지구적인 문제이다.

표 3.1 한반도에서의 연평균 폭우 발생 횟수

구분	1970년대	1980년대	1990년대	2000년대
3시간 동안 100㎜ 이상	3.7회	6.8회	6.5회	8.6회
1시간 동안 50㎜ 이상	5.1회	10.0회	10.3회	12.3회

※출처 : 연합뉴스의 기사를 참고하여 새로이 작성함.[61]

※출처 : wikipedia.org 등.

그림 3.3 폭우로 인한 피해들[62-64]

폭우는 인간들의 삶에 치명적인 피해를 입힌다. [그림 3.3]을 보자. 세계 각지에서 발생하고 있는 폭우가 우리 인간들에게 어떠한 피해를 입히고 있는지 여실히 보여주고 있다. 집이 급격하게 불어난 물에 잠기거나 휩쓸려 떠내려가고, 사회기반시설들인 도로와 철로, 교량 등이 유실되고, 산사태의 발생으로 삶의 터전이 매몰되어 버리고, 상당수의 이재민들이 발생하고, 전염병의 창궐로 환자 및 사망자 들이 속출하고, 등등. 일일이 모두를 나열하기가 어려울 정도로 피해가 다양하고 많다. 그리고 그 피해는 경제적인 피해뿐만 아니라 인명피해까지 포함하고 있어 매우 심각한 것이다. 이상기상으로서 폭우는 우리의 생존을 위협하고 있으며 우리의 삶을 피폐하게 만들고 있다.

기후변화, 즉 지구온난화로 인하여 태풍도 예전과는 다른 양상을 보이고 있다. <표 3.2>를 보자. 1937년부터 2016년까지 한반도에 상륙했었던 태풍들의 '일 최대순간풍속' 순위를 보여주고 있고, 1위부터 10위까지의 태풍 기록들을 확인할 수 있다. 여기서 주목해야 할 부분은 태풍이 '나타난 일자'이다.

표 3.2 한반도 상륙 태풍의 일 최대순간풍속 순위(1937~2016년)

순위	태풍번호	태풍 이름	지명	일 최대순간풍속(m/s)	나타난 일자
1위	0314	매미(MAEMI)	제주	60.0	2003.09.12
2위	0012	쁘라삐룬(PRAPIROON)	흑산도	58.3	2000.08.31
3위	0215	루사(RUSA)	고산	56.7	2002.08.31
4위	1618	차바(CHABA)	고산	56.5	2016.10.05
5위	0711	나리(NARI)	울릉도	52.4	2007.09.17
6위	1215	볼라벤(BOLAVEN)	완도	51.8	2012.08.28
7위	9219	테드(TED)	울릉도	51.0	1992.09.25
8위	8613	베라(VERA)	울진	49.0	1986.08.28
9위	0514	나비(NABI)	울릉도	47.3	2005.09.07
10위	5914	사라(SARAH)	제주	46.9	1959.09.17

※출처 : 기상청(www.kma.go.kr)

2000년대 이전과 이후로 구분하여 순위권 내 태풍들의 개수를 확인해 보도록 하자. 2000년대 이전에 발생한 태풍들은 '사라', '베라', '테드'로 단 3개뿐이다. 그러나 2000년대 이후에 발생한 태풍들은 '매미', '쁘라삐룬', '루사', '차바', '나리', '볼라벤', '나비'로 총 7개나 된다. 게다가 일 최대순간풍속의 세기 순으로 1위부터 6위까지 태풍들은 모두 2000년대 이후에 발생한 태풍들이다. 2000년대 이전에 발생한 태풍들의 순위와 나타난 일자를 확인해 보면, 7위 '테드(1992.09.25)', 8위 '베라(1986.08.28)', 10위 '사라(1959.09.17)'로 시간이 지나감에 따라 태풍의 세기가 강했다. 그러나 2000년대 이후 발생한 태풍들은 그러한 '시간과 세기 간의 유의성'이 확인되지 않는다. 그 이유는 아마도 2000년대 이후에 발생한 태풍들의 일 최대순간풍속이 거의 정점에 다다랐었기 때문이던가, 아니면 불과 20년이 채 안 되는 짧은 기간 동안 관측된 태풍들이기 때문이리라 생각된다. 사실, 2000년대 이후는 기후변화에 대한 대응노력들이 전 지구적으로 일어난 시기이고, 지구 표면의 온도 상승이 2000년대 이전보다 상대적으로 완만하게 진행되고 있는 시기이기도 하다.

태풍의 세기가 지구온난화의 영향으로 강해지고 있음은 지구에서 터를 잡고 살아가는 인류는 물론 대다수의 생명체들에게 부정적이다. 아니, '부정적이다'라는 표현보다 '치명적이다'라는 표현이 더욱 적합할 듯하다.

"많이 가진 사람일수록 잃을 것도 많다."

일상 속에서 우리는 이 말을 심심치 않게 듣는다. 내가 다소 생소하게 이 말을 꺼낸 이유는 이상기상으로 피해를 입고 있는 인간들에게 꽤나 잘 어울리는 말이라고 생각했기 때문이다. 강한 태풍은 거의 모든 것들을 날려버리거나 꺾어버리고 부수어버리며, 최악의 경우 생명체들을 죽게도 한다.

인류를 제외한 지구상의 거의 모든 생명체들은 자신의 생명을 잃는 경우가 아니라면 삶의 터전을 잃거나 먹을 것을 잃는 정도만이 강한 태풍으로 인한 피해의 전부이다. 인류는 도시 혹은 마을 등의 사회를 형성하며 살아가고, 그 사회 안에서 다양한 형태의 경제적 활동들을 하며, 유·무형의 가치를 가지는 자산들(사유재와 공공재 모두를 포함)을 소유한다. 인간들이 소유하는 자산의 크기와 가치는 기술의 진보, 경제의 성장, 산업의 발전과 밀접한 관계가 있다. 1차 산업혁명 이후로 인류는 기술의 진보, 경제의 성장, 산업의 발전을 급격하게 이루었고, 그로써 인류가 소유하고 있는 자산들은 기하급수적으로 많아졌고 그 자산들의 가치도 높아졌다. 따라서 강한 태풍이 인간들에게 입히는 피해는 생명을 부지했다 하더라도 경제적으로 엄청나게 클 수밖에 없다.

혹시 이해가 잘 안 간다면 Q라는 지역에서 참새 무리와 인간들이 강한 태풍을 맞아 피해를 입었다고 가정해 보자. 또한 참새 무리와 인간들 모두 생명은 부지했다고도 가정하자. 과연 누가 경제적인 피해를 더 입었다고 말할 수 있을까? 그 답은 여지없이 인간들이다. 참새 무리에게도 그 입장에서는 피해가 참담하겠지만, 둥지가 날아가고 먹이를 구할 수 있는 환경이 파괴되었다는 정도가 전부이다. 그리고 그 피해를 경제적 가치로 환산하면 인간들의 피해보다 미미할 수밖에 없다. 반면에 인간들이 입는 피해는 경제적 규모나 가치 측면에서 참새 무리의 피해와는 비교가 어려울 정도로 크다. 건물이 부서지고, 전력망이 손상되고, 사회기반시설들이 파괴되고, 과수원이 망가지고, 등등. 그 피해가 왕왕 천문학적 수치에 이르기도 한다.

2002년 한반도에 상륙했었던 태풍 '루사'를 생각해 보자. 루사는 당시 870.5mm라는 일 최다강수량을 기록했고, 56.7m/s라는 일 최대순간풍속을 기록했다. 이렇게 엄청난 강수량과 풍속으로 루사는 246명의 인명피해와 함께 5조 1,479억 원이라는 막대한 재산피해를 입혔다. 사실상 재산피해액은 루사의 직접적인 영향으로 인해 파괴 및 손상, 유실되었던 재산들만을 집계한 것이다. 만일 정확한 집계가 어려웠었던 경제적 피해들, 즉 전력공급의 차질이나 통신장애, 운송의 제약 등으로 산업활동이 원활하게 이루어지지 못하여 발생하게 되었던 피해비용들까지 집계가 되었다면 그 피해액의 규모는 더욱 컸으리라 생각한다. [그림 3.4]를 보자. 이상기상으로서 태풍(혹은 허리케인)의 위력과 그로 인한 피해의 막대함을 간접적으로 느낄 수 있다.

폭염도 우리에게 막대한 피해를 입히는 이상기상이다. 폭염(暴炎)은 단어 그대로 매우 심한 더위를 의미하는데, 지구가 더워지고 있는 '지구온난화' 그 자체로서의 기상현상이다. 매우 심한 더위, 즉 폭염이 세계 각지에서 빈번하게 일어나면 심각한 여러 문제들이 발생한다.

※출처 : wikipedia.org & 기후변화행동연구소

그림 3.4 태풍과 허리케인, 그리고 그로 인한 피해들[65-68]

[그림 3.5]는 '폭염으로 인해 발생한 가뭄과 산불'을 보여주고 있다. 폭염은 가뭄을 발생시켜 인류가 심각한 식량문제에 직면하게 하고, 다른 한편으로 대형 산불이 쉽게 발생하도록 하여 방대한 면적의 산림지역을 모두 재로 만들어 막대한 경제적 피해를 입힌다. 미국의 캘리포니아 지역에서는 가을과 겨울이 기후변화로 인하여 더욱 건조해졌고, 그로 인하여 대형 산불이 빈번하게 발생하고 있다. 그런데 그 산불의 규모는 워낙 커서 매년 인명피해는 물론 수십억 달러[4]의 재산피해를 내고 있다. 이와 관련하여 제리 브라운(Jerry Brown) 캘리포니아 주지사는 2017년 12월초 캘리포니아에서 발생한 대형 산불로 한 사람이 죽고 수백여 가구가 전소된 벤추라 카운티(Ventura County) 일대를 돌아본 뒤 기자회견에서 "캘리포니아는 가뭄과 기후변화로 건조한 상태가 계속되어 이번처럼 엄청난 산불이 '새로운 일상적 현실'로 자리 잡았다."라고 말한바 있다.[71]

※출처 : wikipedia.org

그림 3.5 **폭염으로 인한 가뭄과 산불**[69,70]

4) 미국의 화폐단위 달러는 United States Dollar(s)의 약자 USD 혹은 $로 표기한다.

인간은 인체의 특성상 평균적인 신체온도(약 36.5℃)보다 높은 신체온도를 가지게 되면 사망의 위험에 처하게 되는데, 그 위험에 처한 상태를 우리는 '일사병'과 '열사병'에 걸렸다고 부른다. 흔히 일상에서 "더위 먹었다."라고 부르는 증상이 바로 그것들이다. 여름철 폭염이 지속되어 오랜 시간 그 폭염에 노출되면 우리는 '일사병' 또는 '열사병'에 걸리게 되어 사망할 가능성이 높아진다. 그래서 폭염은 직접적으로 인명피해를 내기도 하는 인류에게 있어서 매우 치명적인 이상기상이다.

이 모든 이상기상들은 각기 다른 형태로 나타나고 있지만 기후변화, 즉 급격한 지구온난화로 인하여 빚어진 기상현상들임에 틀림이 없다. 물론 여기서는 이상기상들을 이전과는 다른 양상의 폭우, 태풍, 폭염만을 언급하였지만, 세계 각지에서 나타나고 있는 기후변화로 인한 이상기상들은 매우 다양하고 그 심각성도 크다. 그럼에도 불구하고 그 모든 이상기상들은 하나의 원인, 바로 '지구가 급격하게 더워졌다'는 것에 기인하고 있다.

[그림 3.6]은 지구온난화로 인한 이상기상 발생 메커니즘으로서, 우리가 기후변화로 인해 발생하고 있는 이상기상들을 이해하는 데 매우 중요한 개념이다. 짧게 설명하면 다음과 같다. 지구의 기온이 상승하면 해양(Ocean)은 물론 육지(Land)의 물들이 증발한다.[5] 해양에서 증발한 수증기들은 열에너지를 상당량 머금으면서 상변화를 한 일종의 에너지 덩어리이다. 그렇기 때문에 지구의 기온이 점점 높아져서 해양으로부터 많은 양의 물들이 증발돼 해양의 상공에 수증기가 많아지면, 태풍이나 허리케인 등으로의 불리는 강력한 열대성저기압이 만들어진다. 육지에서는 강물과 같은 지표수들이 기온이 높아질수록 더욱 많이 그리고 빠르게 증발한다. 그래서 지구온난화가 지속되고 심

5) 이 현상, 즉 기화(氣化)현상은 아주 기본적인 물리·화학적인 물질의 상변화(相變化)이기 때문에 자세한 설명은 하지 않겠다.

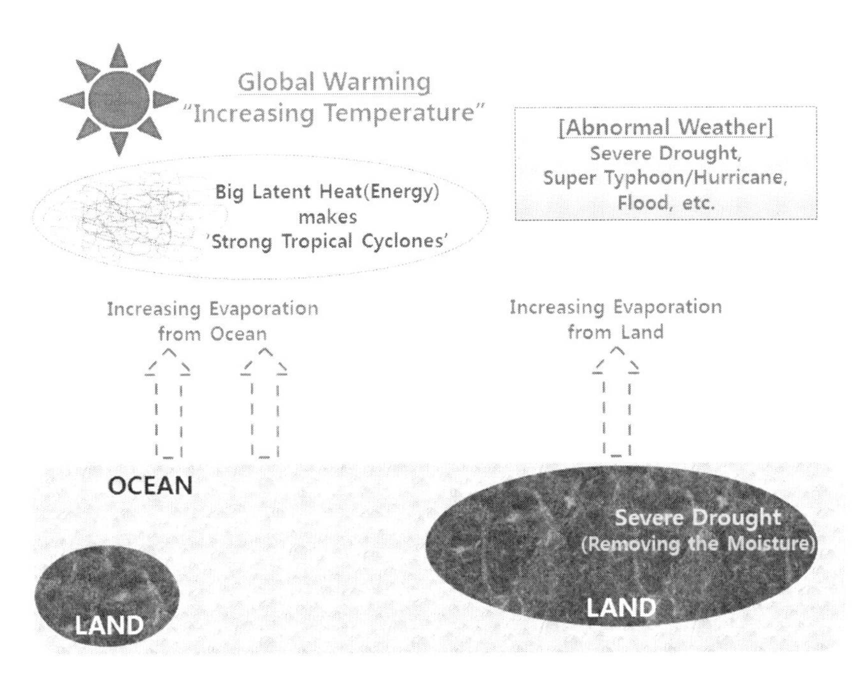

그림 3.6 지구온난화로 인한 이상기상 발생 메커니즘

화될수록 육지는 점점 더 메마르고 가뭄이 더욱 더 극심해진다.

여기서는 비록 해양과 육지의 표면에 존재하는 물들이 증발함으로써 발생하는 현상들만을 간략하게 설명하였지만, 사실 이상기상이 발생하는 메커니즘은 이처럼 간단하지만은 않다. 해양의 경우만 하더라도 해수면의 증발로 인하여 촉발되는 이상기상뿐만 아니라, 표층과 심층의 수온 변화로 인하여 발생되는 이상기상도 있기 때문이다. 엘리뇨와 라니냐로부터 야기되는 이상기상들이 바로 그러한 것들이다. 지구는 모든 것들이 유기적으로 연관되어 있어, 어떤 현상이 어디에서 발생을 하면 다른 어떤 현상이 다른 어디에서 발생하는 데 직·간접적인 영향을 미친다. 그렇기 때문에 이상기상이 발생하는 메커니즘을 이해하는 일은 매우 어렵고 복잡한 일일 수밖에 없다.[6)]

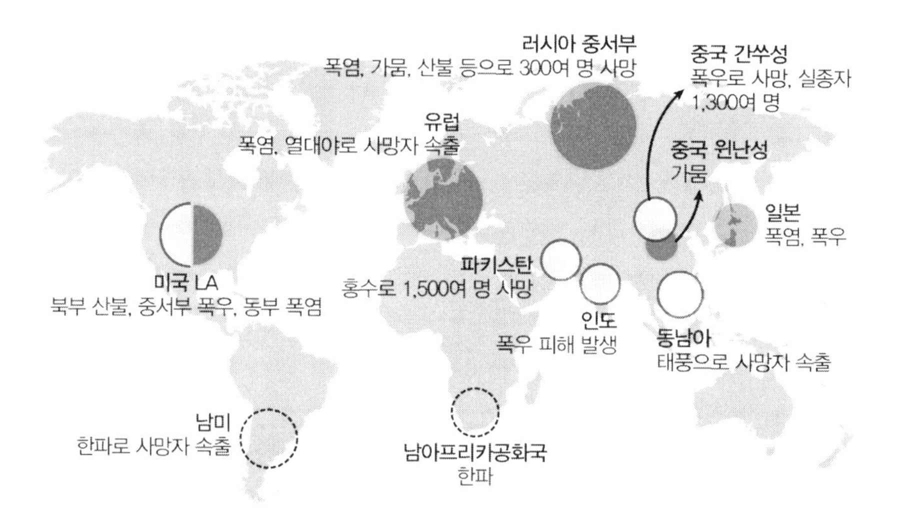

그림 3.7 2010년에 발생한 세계 각지의 기상재해[72]

그 외의 문제들

식량문제는 인류에게 있어서 매우 심대한 문제이다. 바로 우리가 먹고사는 문제이기 때문이다. 식량문제, 즉 식량안보7)의 위기는 인구의 증가, 경제성

6) [그림 3.7]은 2010년 한 해 동안 세계 각지에서 발생한 기상재해들을 보여주고 있다. 이 재해들이 발생한 이유는 기후변화, 즉 지구온난화로 인하여 발생한 이상기상들 때문이다. 여기서 우리가 주목해야 할 점은 바로 이상기상들이 폭우, 태풍, 한파, 가뭄, 열대야 등 매우 다양한 형태로 세계 각지에서 발생했다는 사실이다. [그림 3.6]을 통해서 설명한 이상기상 발생 메커니즘만으로는 한파와 같은 이상기상은 이해하기가 어렵다. 바로 지구시스템이 매우 복잡하고, 지구의 모든 구성들이 유기적으로 연관성을 가지고 있기 때문이다.

7) 식량안보(食糧安保)는 인구증가와 자연재난, 전쟁 등의 상황들을 고려하여 한 국가의 국민들이, 더욱 광범위하게는 지구상의 인류가 생존할 수 있도록 식량을 확보하는 것을 말한다.

장, 기후변화 등 여러 가지 요인들에 의해서 발생한다. 그렇기 때문에 반드시 지구 기후의 변화라는 그 영향만으로 식량문제가 발생한다고 볼 수는 없다. 그러나 식량문제가 발생하는 현재의 상황들을 깊이 있게 분석을 해 보면 기후변화, 즉 지구온난화가 상당한 영향을 미치고 있음을 알 수 있다.

식량문제는 기본적으로 식량을 필요로 하는 수요보다 식량의 공급이 부족하여 발생한다. 식량이 넉넉해서 문제가 되는 경우는 거의 없기 때문이다. 그리고 식량의 총 수량은 넉넉하지만 실제로 먹을 수 있는 식량이 적은 경우에도 식량문제는 발생한다. 작물들을 대량으로 재배하여 수확까지 하였지만, 오염으로 인한 훼손이나 유전적 돌연변이가 발생하여 인간들이 먹을 수 없는 작물들이 상당수라면 실질적으로 가용한 식량은 거의 없는 것이나 마찬가지이기 때문이다. 하지만 이 또한 식량의 공급이 그 수요보다 적기 때문에 발생하는 문제라고 볼 수 있다.

지구온난화, 즉 현재의 기후변화로 인하여 발생하는(또는 발생하리라 예측되는) 식량문제는 식량의 공급에 영향을 미친다. 반면에 인구의 증가는 식량의 수요에 영향을 미친다. 경제성장은 인구의 증가, 기후변화와는 달리 어느 한 측에만 영향을 미치지 않고, 양측 모두에게 영향을 미친다. 인구의 증가가 식량의 수요에 어떻게 영향을 미치는지는 굳이 설명을 하지 않더라도 쉽게 이해가 될 것이다. 경제성장이 어떻게 식량의 수요와 공급에 영향을 미치는지를 알기 위해서는 매우 복잡한 현상들에 대한 이해가 필요하지만, 여기서는 그 모든 이해를 필요로 하지 않을 것이기 때문에 다음의 설명 정도만 이해를 하도록 하자. 경제성장은 인구의 증가에 영향을 주기도 하고, 식량을 생산하는 데 필요한 인건비나 기타 비용 등에 영향을 주기도 한다. 그래서 경제성장은 궁극적으로 식량의 수요에도, 그리고 식량의 공급에도 직·간접적인 영향을 미친다.

"기후변화는 어떻게 식량의 공급에 영향을 미칠까?"

우선 생각해볼 수 있는 것은 가뭄으로 인한 농작물 경작지의 피해이다. 농작물은 사전적 의미로 인간이 주식으로 삼기 위해서, 또는 인간이 필요로 하는 활동(축산업 등)을 위해서 재배하는 식물이다. 일반적으로 식물은 토양에 뿌리를 내리고,[8] 그 토양에 내린 뿌리로 생장(生長)에 필요한 물, 그리고 질소, 인, 기타 유·무기물 등과 같은 여러 영양소들을 흡수하며 자란다.[9] 그렇기 때문에 기후변화로 인하여 가뭄이 발생하면 토양에 뿌리를 내리고 생장하는 대다수의 농작물들은 생장에 필요한 물을 흡수할 수 없게 되어 고사(枯死)하고 만다. 따라서 기후변화는 인류가 필요로 하는 식량을 농작물 재배로 얻을 수 없게 만들어, 식량의 공급에 심대한 문제를 일으킨다.

가뭄으로 인한 농작물 경작지 피해와 함께 생각해볼 수 있는 것은 축산업의 피해이다. 인류는 농작물뿐만 아니라 육류 및 유제품류도 중요한 식량으로 삼고 있다. 이 육류 및 유제품류는 축산업으로 얻어지는 식량이다. 축산업이란 소와 돼지, 닭, 오리 등의 동물들을 축사에서 대규모로 사육하여 성체(成體)가 되면 도축해 식량으로 사용하거나, 또는 그것들에게서 분비되는 젖과 그것들이 낳는 알을 식량으로 사용하는 산업활동이다. 그런데 축산업에서 필요한 것들 중 하나가 바로 사육하기 위한 사료이다. 이 사료는 대부분이 농작물이다. 농작물의 사전적 의미를 앞에서 간략히 언급했는데, 그 내용 중 "인간이 필요로 하는 활동을 위해서 재배하는 식물"이 바로 축산업에 사용되는 사료(즉, 사료용 농작물)이다. 이러한 이유로 인하여 기후변화로 가뭄이

---

8) 토양에 뿌리를 내리고 살아가는 식물들이 대다수이지만, 그 뿌리를 수중이나 대기 중에 내리고 살아가는 식물들도 적지 않게 있다.

9) 식물은 뿌리를 통하여 여러 영양소들을 흡수하기도 하지만, 잎(leaf)에 존재하는 엽록소로 기공(stoma)을 통해 흡입한 이산화탄소를 광합성 반응하여 생장에 필요한 영양원인 탄수화물을 만들기도 한다.

발생하면 축산업을 통한 식량 확보도 크나큰 차질이 빚어진다.

가뭄뿐만 아니라 이전보다 강해진 태풍과 홍수도 인류에게 필요한 식량의 공급에 상당히 부정적인 영향을 미친다. 쉽게 우리가 생각해볼 수 있는 피해만으로도 여러 가지가 있는데, 농작물 경작지의 침수, 축사의 파괴, 과수원 과실들의 낙과(落果), 대홍수로 인한 식량들의 떠내려감, 등등이 바로 그러한 것들이다. 산불도 식량의 공급에 악영향을 미친다. 산불이 발생하면 산에 있는 모든 것들은 죽거나 재가 된다. 그렇기 때문에 산에서 채취할 수 있는 열매들이나 나물들, 그리고 산중에서 수렵할 수 있는 동물들은 모두 죽거나 재가 되어 식량화가 가능한 자원들이 없어지게 된다. 따라서 기후변화로 인한 잦은 대형 산불은 가뭄, 태풍, 홍수와 함께 식량의 공급에 문제를 일으키는 주요 요인들 중 하나인 셈이다. 이 외에도 각 지역의 기후대(氣候帶) 변화는 그 지역의 생물종들을 급격하게 변화시키거나 멸종하도록 하여 인류에게 필요한 식량을 공급하는 데 제한을 가한다. 그리고 변화된 각 지역의 기후대에서는 이전에 없었던 병충해들이 상당수 발생하여 농작물의 경작을 어렵게도 한다.

윤태중과 그의 연구팀은 그들이 수행한 연구결과를 토대로 기온의 상승(즉, 현재의 기후변화)은 식품해충[10]의 발생빈도 증가를 가져올 수 있으며, 식품해충 분포범위의 변화를 초래할 수 있다고 보고한 바 있다.[73] 이것은 기후변화가 확보한 식량에 대해서도 피해를 입힐 수 있음을 시사한다.

[그림 3.8]은 가뭄으로 인하여 농작물들이 고사된 모습과 짐바브웨에서 식량이 부족하여 기아문제가 발생하고 있는 모습을 보여주고 있다. 이 작물고

---

10) 식품해충(food pest)은 식품을 가해하여 사람에게 피해를 주는 벌레를 통칭하며, 그 피해는 식해(食害)로 인한 양적 손실, 이물 혼입에 의한 상품가치의 저하, 기생충이나 병원성 세균의 전파, 독소생산에 의한 오염 등으로 나타난다.[73]

사와 기아문제는 명백히 기후변화, 즉 현재의 지구온난화로 인하여 발생하고 있는 현상들이라고 공신력 있는 기관들은 보고(또는 보도)하고 있다. 우리는 비록 사진을 통해서이지만 기후변화로 인하여 발생하고 있는 식량문제가 우리의 생존에 얼마나 위협이 되고 있는지를 가히 짐작할 수 있다.

그림 3.8 가뭄으로 인한 작물고사와 짐바브웨의 기아문제[74,75]

질병문제 역시 인류에게 있어서 매우 심대한 문제이다. 이것은 바로 우리의 생사와 직결되는 문제이기 때문이다. 설령 질병으로부터 생존을 했다 하더라도 신체적인 또는 정신적인 심각한 후유증이 생겨 의도치 않게 비참한 삶을 살도록 하는 것이 바로 이 질병문제이기 때문에 우리에게 있어서 질병문제는 매우 중대한 문제이다.

"기후변화는 어떻게 질병문제에 영향을 미칠까?"

이 물음에 답하기 위해서는 의학적이고 보건역학적인 전문지식이 상당 부분 필요하다. 솔직히 말해서 이 글을 집필하고 있는 나는 그것들에 대한 전문지식을 충분히 갖추고 있지 못하다. 그렇기 때문에 국내 한 연구진이 <국내 기후변화 관련 감염병과 기상요인간의 상관성>이라는 제목으로 발표한 연구결과를 간략히 요약하는 것으로 대신하겠다. 그 내용은 다음과 같다.[76]

우선 이 연구에서 연구진은 쯔쯔가무시[11)], 신증후군출혈열[12)], 렙토스피라증[13)], 말라리아[14)], 비브리오패혈증[15)]을 연구대상 질병들로 선정했는데, 그 이유는 한국에서 발병률이 높은 질병들임과 동시에 기후변화와 관련성이 높다고 알려진 수인성 또는 매개 질병들이기 때문이다.

첫째, 한국에서의 쯔쯔가무시 발병률은 여름철이 고온다습(高溫多濕)해지면서 높아지는 것으로 확인되었는데, 이 결과는 쯔쯔가무시를 발병시키는 털진드기의 한국 지역 내 서식환경이 기후변화로 인하여 우호적으로 변화되고 있음을 의미한다.

둘째, 신증후군출혈열과 렙토스피라증의 발병률은 감염 매개체인 쥐의 밀도와 밀접한 상관관계를 가진다. 쥐의 밀도는 기온이 높고 강수량이 많으면 식물의 씨앗 생산 증가로 인해 먹이가 증가하여 높아진다고 알려진 바 있다. 그리고 설치류가 물이 있는 곳에서 서식하는 습성이 있다는 점을 고려 시 강

---

11) 쯔쯔가무시(Scrub typhus)는 진드기에 물려서 발생하는 질병으로서, 평균적으로 약 10~12일 정도의 잠복기를 지나면 두통, 발열, 림프절 종대 등의 증상이 나타난다. 그리고 구토나 설사 등과 같은 위장관계 증상이 동반되기도 한다.

12) 신증후군출혈열(Hemorrhagic fever with renal syndrome)은 등줄쥐의 배설물에서 기인하는 바이러스가 호흡기를 통하면서 발병하는 질병이다. 급성 발열, 출혈, 신부전 등의 증상이 나타난다.

13) 렙토스피라증(Leptospirosis)은 병원성 균인 렙토스피라(Leptospira)에 감염된 쥐의 소변이 하천이나 식수 등을 오염시키고, 그 오염물이 인체로 들어올 때 발병하는 질병이다. 갑작스러운 발열, 오한, 출혈, 심한 근육통 등의 증상이 나타난다.

14) 말라리아(Malaria)는 말라리아 원충에 감염된 모기가 산란을 위해 인간의 몸을 흡혈하는 과정에서 전염이 된다. 말라리아에 감염되면 오한, 두통, 구토, 발열, 빈혈, 혈소판 감소 등의 증상이 나타나고, 각 개인의 상황에 따라 여러 합병증들이 나타나기도 한다.

15) 비브리오패혈증(Vibrio vulnificus sepsis)은 비브리오 불니피쿠스 균(Vibrio vulnificus)이 들어있는 어패류를 덜 익혀서 섭취를 하거나, 인체의 상처 등으로 직접 그 균이 침입을 하는 경우 발병한다. 발병 증상은 급성 발열, 오한, 복통, 피부 부종 등이다. 비브리오 불니피쿠스 균은 바다에 살고 있는 그람음성세균으로, 소금(NaCl) 농도가 비교적 낮은 1~3% 정도의 바닷물에서 잘 번식하는 것으로 알려져 있다.

수량이 많을수록 쥐의 서식처가 확대될 가능성도 있다. 따라서 신증후군출혈열과 렙토스피라증의 발병률은 기후변화에 의해서 높아질 수 있다.

셋째, 말라리아의 발병률은 기온, 강수량, 습도 등이 높은 여름철에 많이 발생하여, 기상요인과 상관성이 매우 높았다. 기후변화가 한반도 지역의 기후를, 특히 여름철의 기후를 더욱 고온다습하고 강수량이 많은 기후로 변화시키고 있다는 점을 감안했을 때, 기후변화는 한국 내 말라리아의 발병률을 높일 가능성이 크다. 이것은 말라리아 등에 대한 적극적인 방역활동이 없이 순전히 환경적인 요인(즉, 기상조건과 동·식물의 생태환경, 지질의 구조 등)만을 고려했을 때의 판단이다.

넷째, 기후변화는 비브리오패혈증의 발병률을 높이는 데에도 상당한 기여를 한다. 그 이유는 바로 여름철 강수량의 증가 때문인데, 강수량이 많아지면 바다로 유입되는 민물이 많아져 한반도 연안의 평균 바닷물 소금 농도를 낮추고, 이로 인하여 비브리오패혈증의 원인균인 비브리오 불니피쿠스 균이 번식하고 생장하기에 좋은 환경이 만들어진다. 결국 여름철 강수량을 증가시키고 있는 기후변화는 비브리오패혈증의 발병률을 높이고 있는 셈이다.

기후변화협약, 인류를 위한 약속

04
CHAPTER

인류를 향한 경고,

기후변화

04 CHAPTER

기후변화협약, 인류를 위한 약속

1988년 이전까지 기후변화에 대한 문제는 일부 과학자들과 몇몇 시민단체들을 중심으로 논의가 되었었다. 특히, 기상학과 기후학, 해양학, 환경과학, 생태학 등 지구의 자연현상을 관찰하고 연구하는 과학자들을 중심으로 그 논의가 이루어졌었다. 그들은 1차 산업혁명 이후로 지구 표면의 온도가 꾸준히 그리고 급격하게 상승하고 있음을 관찰하였고, 극지방의 빙하들이 시간이 지남에 따라 크게 소실되고 있음을 확인하였다. 뿐만 아니라, 해수면이 매년 상승하여 해발고도가 낮은 섬나라들과 각국의 연안 지역들이 침수(沈水)되고 있고, 그로 인하여 사람들이 살아가는 삶의 터전이 위협받고 있음을 목격하였다. 또한 기존과는 달라진 이상기상들 때문에 인류가 막대한 경제적 피해를 입고 있음은 물론 생존에 대한 위협을 받고 있는 상황까지 목격하게 되었다. 그래서 그 과학자들과 시민단체들은 기후변화에 대한 문제를 국제사회가 본격적으로 논의해야 한다고 주장했으며, 그 결과로 1988년 유엔 산하의 국제연합전문기구[1])들인 세계기상기구(WMO)와 유엔환경계획(UNEP)에서 기

1) 2017년 현재 유엔 산하의 국제연합전문기구들은 국제노동기구(ILO), 유엔식량농업기구(FAO), 유엔교육과학문화기구(UNESCO), 세계보건기구(WHO), 국제통화기금(IMF), 국제부흥개발은행(세계은행·IBRD), 국제금융공사(IFC), 국제개발협회(IDA), 국제민간

후변화에 대한 논의가 본격적으로 이루어지기 시작했고, 같은 해 11월 이 기구들의 지원을 받아 IPCC가 설립되었다.

IPCC의 설립은 매우 중요하고 큰 의미를 가진다. 그 이유는 각국의 기상학자, 해양학자, 환경과학자, 경제학자 등 약 3천여 명의 전문가들이 모여 기후변화와 관련된 전 지구적인 위협을 전방위(全方位)적으로 평가하고 그에 대한 대책을 마련하는 것을 IPCC의 설립목적으로 하고 있기 때문이다. IPCC는 1990년 8월에 제1차 특별보고서를 발간하면서 "기후변화는 실제로 진행되고 있으며, 그 원인은 인류의 화석연료 사용으로 인한 온실가스 배출에 있다"고 평가하였다. 이후로도 IPCC는 4차례의 평가보고서를 더 발간하였다. '제5차 평가 종합보고서(2014)'는 2017년 현재 기준 IPCC의 가장 최근 보고서이다. IPCC의 이러한 활동들은 세계 각국이 기후변화를 대처하기 위한 공동의 노력이 필요하다는 것을 인식하도록 하였다. 그리고 '기후변화협약'을 제정하고, 그 협약에 조인하는 데에도 상당한 기여를 하였다.

기후변화협약(교토의정서까지)2)

국제사회는 IPCC가 1990년 8월에 발간한 제1차 특별보고서를 접하면서 기후변화를 대처하기 위한 공동의 노력이 필요함을 인식하게 되었다. 그리고

항공기구(ICAO), 만국우편연합(UPU), 국제해사기구(IMO), 세계기상기구(WMO), 국제전기통신연합(ITU), 세계지적재산권기구(WIPO), 국제농업개발기금(IFAD), 유엔공업개발기구(UNIDO), 유엔환경계획(UNEP) 등이 있다. 그리고 국제관광기구(WTO), 다국간투자보장기구(MIGA) 등이 국제연합전문기구에 포함되기도 하며, 국제원자력기구(IAEA)와 관세및무역에관한일반협정(GATT)은 국제연합전문기구에 준하는 기구들로 인정받고 있다.[77]

2) 이 절은 2016년 5월 대한민국 환경부에서 발간한 <교토의정서 이후 신 기후체제 파리협정 길라잡이>의 일부 내용, 그리고 각 협약 및 의정서를 참고하여 작성하였다.

1990년 12월 유엔 총회(United Nations General Assembly)에서 기후변화에 관한 기본 협약을 위해 '국가 간 협상위원회(Intergovernmental Negotiating Committee, INC)'를 설립하였다.

1992년 6월에는 브라질 리우에서 일명 '리우회의'라 불리는 '유엔환경개발회의(UN Conference on Environment and Development, UNCED)'가 개최되었다. 이 회의에서의 주제는 '인간과 자연, 환경 보전과 경제 개발의 양립' 그리고 '환경적으로 건전하고 지속가능한 발전'이었다. 이 회의에서는 그 주제에 걸맞게 자연과 인류, 환경보전과 개발의 양립을 목표로 한 유엔환경개발회의의 기본이념이 담긴 리우선언이 채택되었고, 이와 함께 의제 21(Agenda 21), 생물다양성보존협약, 기후변화협약 등이 채택되었다. 이때 채택된 기후변화협약은 정식명칭이 '기후변화에 관한 국제연합 기본협약(UN Framework Convention on Climate Change, UNFCCC)'이다. 기후변화협약, 즉 UNFCCC는 인간이 기후체계에 위험한 영향을 미치지 않을 수준으로 대기 중의 온실가스 농도를 안정화 시키는 것을 목표로 하고 있다.

UNFCCC에서는 이 목표를 달성하기 위하여 몇 가지 원칙들을 정하였는데, '형평성(equity)'과 '공통의 목표를 위해 행동하지만 차별화된 책임을 부여(common but differenced responsibilities)', '차별화된 책임을 부여하기 위한 개별 국가들의 능력을 고려(respective capabilities)'함이 바로 그것들이다.

"그런데 왜 공통의 목표를 가지고 행동을 함에 있어서 각 국가에게 그 국가의 능력을 고려하여 차별화된, 즉 형평성[3])에 입각한 책임을 부여했던

---

3) 형평성(衡平性)은 모든 것들을 동일하게 한다는 균등성(均等性)과 같은 의미가 아니다. 사전을 찾아보면, 형평성은 '동등한 자를 동등하게, 동등하지 않은 자를 동등하지 않게 취급하는 것'이라고 정의되어 있다. 따라서 여기 사용된 형평성은 '당사국들이 납득할 수 있고 합의할 수 있는 차별(差別)'이라고 보는 것이 적합하다.

것일까?"

그 이유는 개별 국가들마다 지구온난화, 즉 현재의 기후변화에 대한 '역사적 책임(Historical Responsibility)'이 다르다는 인식이 전제되어 있었기 때문이다. 이 말을 보다 쉽게 설명하자면 다음과 같다. 지금도 진행되고 있는 기후변화의 주된 원인은 온실가스이다. 그런데 이 온실가스는 산업활동의 부산물이다. 그렇기 때문에 산업활동을 일찌감치 시작하여 현재까지 지속해오고 있는 국가들은 많은 온실가스를 방출해왔고, 현재의 기후변화가 발생하는 데 적지 않은 기여를 하였다. 따라서 일찌감치 산업화를 이루어 현재까지 산업활동을 하고 있는 국가들은 기후변화 문제에 있어서 역사적 책임이 있다고 할 수밖에 없다.

그래서 UNFCCC에서는 역사적 책임이 있는 국가들에게 온실가스 배출량을 감축할 의무(이하 '감축의무')를 지우고 있다. 역사적 책임이 있는 대부분의 국가들은 산업활동을 일찌감치 시작하였던 탓에 경제적 발전을 비교적 일찍 이루어 선진국의 반열에 오른 국가들이다. 영국, 미국, 일본, 프랑스 등이 바로 그 국가들이다. 반면에 그렇지 못한 국가들, 즉 역사적 책임이 없거나 작은 국가들은 대부분이 개발도상국들 내지 후진국들[4]이기 때문에 그 감축활동에 자발적으로 참여를 하거나, 오히려 기후변화에 대응(또는 적응)하도록 지원을 받을 수 있게 하였다. 즉, 감축의무를 지우지 않았다. UNFCCC에서 온실가스 감축목표는 '1990년도 수준으로 되돌리는 것'이었다.

---

4) 경제적 성장이라는 척도로 각 국가를 구분할 때 후진국이라는 표현을 사용하고 있지만, 개인적인 생각으로 이 표현은 바람직해 보이지 않는다. 그 국가들에서 살아가고 있는 국민들의 의식수준, 정신적 가치, 삶의 양식 등까지 후진적임을 말하고자 함이 절대 아니기 때문이다. 단지 그들은 경제적 성장이 선진국들에 비해서 상대적으로 뒤쳐져 있을 뿐이다. 그러나 '후진국'이라는 표현이 이미 사회적으로 널리 쓰이고 있는 것임에 따라 여기서도 사용했음을 양해하여 주기 바란다.

UNFCCC는 국제사회가 기후변화의 주된 원인인 온실가스를 감축한다는 목표를 정하고, 그 목표를 달성하기 위해서 역사적 책임이 있는 국가들에게 감축의무를 지웠다는 데 적지 않은 의미가 있다. 그러나 구체적으로 어떻게 그것을 이행해야 하는지에 대해서는 규정하지를 않았다. 이러한 이유로 1997년 당사국[5]들은 총회를 일본 교토에서 열고 구체적인 이행의무를 담고 있는 교토의정서(Kyoto Protocol)[6]를 채택한다.

교토의정서에는 이산화탄소(CO_2)를 포함하는 총 6종의 온실가스 목록이 명시되었고, 감축의무를 부담하는 국가들과 그 국가들의 감축량이 규정되었다. 교토의정서의 제1차 공약기간은 2008년부터 2012년까지로, 그 기간 동안 감축의무를 부담하는 국가들에 의해서 달성되어야 하는 온실가스 배출량 목표는 '1990년도 대비 평균 5.2% 감축'이었다.

교토의정서는 온실가스를 감축하는 구체적인 이행방법으로 시장메커니즘을 도입했다는 특징을 가진다. 기후변화를 대응하기 위한 방법으로서 각 국가의 이행의무는 단어의 의미 그대로 '이행해야만 하는' 일종의 규제이다. 그러나 그 규제라는 틀 안에서 보다 효율적이고 자발적인 참여를 이끌어내기 위해 시장요소들을 도입한 것이다. '공동이행제도(Joint Implementation, JI)', '청정개발제도(Clean Development Mechanism, CDM)', '배출권거래제(Emission Trading, ET)'가 그 시장요소들로, 이것들은 '투자에 대한 보상(우회적 이행)'과 '배출권의 거래'로 요약할 수 있다. <표 4.1>은 교토의정서에 도입된 시장요소들에 대한 간략한 설명이다. 참고하기 바란다.

---

5) 여기서 당사국은 기후변화협약을 비준한 국가 또는 지역경제통합기구를 가리키며, 기후변화협약 당사국으로 불리기도 한다. 당사국들은 기후변화협약의 구체적인 이행방안을 논의하기 위해서 매년 당사국총회(Conference of the Parties, COP)를 개최하고 있다.

6) 교토의정서는 1997년 12월 11일에 채택되었고, 2005년 2월 16일에 발효되었다.

표 4.1 교토의정서에 도입된 시장요소

구분	조항	주요 내용
공동이행제도	第6조	부속서 I 국가(A)가 다른 부속서 I 국가(B)에 투자하여 온실가스 배출을 감축하면 그 가운데 일부를 A국의 감축으로 인정
청정개발제도	第12조	부속서 I 국가(A)가 비부속서 I 국가(C)에 투자하여 온실가스 배출을 감축하면 그 가운데 일부를 A국의 감축으로 인정
배출권거래제	第17조	온실가스 감축의무가 있는 국가들에 배출할당량을 부여한 후, 해당 국가들이 서로 배출권을 거래할 수 있도록 허용

※출처 : 교토의정서 이후 신 기후체제 파리협정 길라잡이(환경부, 2016. 5.)

교토의정서를 평가할 때 전문가들은 "절반 정도의 성공을 거두었다."라고 말한다. 그 이유는 교토의정서가 온실가스 배출량 감축에 대해서 성과를 거두기도 했지만, 몇몇 한계들도 드러냈기 때문이다. 그 자세한 내용은 다음과 같다.[7]

•교토의정서의 성과

첫째, 역사적 책임이 있는 국가들, 즉 교토의정서의 부속서B(Annex B)에 명시된 국가들은 제1차 공약기간 동안 온실가스 배출량을 1990년도에 비하여 평균 22.6% 감축하였다. 이는 교토의정서가 규정하고 있는 감축목표 평균 5.2%를 크게 상회하는 성과다.

둘째, 128개국에서 약 8,000개에 달하는 청정개발제도 사업이 수행되었다. 그로 인하여 개발도상국들은 감축량을 선진국들에 판매하여 95~135억 달러의 수익을 얻을 수 있었고, 선진국들도 온실가스 배출량 감축에 대한 비용보다 약 35억 달러를 절약할 수 있었다.

7) <교토의정서 이후 신 기후체제 파리협정 길라잡이(환경부, 2016. 5.)>의 11~12쪽에 기술되어 있는 내용들을 옮겼다.

•교토의정서의 한계

첫째, 많은 국가들이 불참하였다. 미국은 교토의정서를 채택할 무렵 세계에서 가장 많이 온실가스를 배출하고 있었음에도 불구하고 교토의정서를 비준하지 않았다. 캐나다는 제1차 공약기간이 지난 후 탈퇴하였다. 일본, 러시아, 뉴질랜드는 탈퇴하지 않았지만, 제2차 공약기간(2012년 이후)에는 참여하지 않겠다고 의사를 밝혔다. 중국과 인도 등은 온실가스를 많이 배출하고 있음에도 불구하고 역사적 책임이 없는 국가라는 이유로 감축의무가 없었다. 제1차 공약기간이 시작되기 직전인 2007년, 당시 중국이 차지하고 있던 온실가스 배출량 비중은 21.0%로 미국(19.9%)보다 컸다. 참고로 제1차 공약기간 동안 감축의무를 지고 있던 국가들의 온실가스 배출량 비중은 전 세계 온실가스 배출량의 약 22%에 불과했다.

둘째, 교토의정서 제2차 공약기간을 정하는 도하개정문(Doha Amendment)은 채택되기까지 오랜 시간이 걸렸고, 2018년 1월 현재까지 발효도 되지 못하고 있다.[8] 따라서 교토의정서는 그 지속가능 여부가 불확실하다는 한계를 가진다.

신 기후체제, '파리협정'[9]

교토의정서를 제1차 공약기간 동안 이행하면서 마주하게 되었던 한계들로 인하여, 국제사회는 기후변화를 제대로 대응하기 위한 새로운 체제가 필요하

8) 도하개정문의 발효를 위해서는 교토의정서 당사국의 3/4에 해당하는 국가들이 비준하여야 한다.

9) 이 절은 2016년 5월 대한민국 환경부에서 발간한 <교토의정서 이후 신 기후체제 파리협정 길라잡이>의 일부 내용, 그리고 '파리협정(Paris Agreement)'을 참고하여 작성하였다.

다는 데 인식을 함께했다. 그리고 2011년 남아프리카공화국 더반에서 개최된 제17차 당사국총회는 기후변화 협상에 있어서 중요한 전환점이 되었다. 교토의정서 기반의 기후체제에서 드러난 한계들을 보완하는 새로운 기후체제를 설립하기로 당사국들은 합의를 하였고, 2015년까지 이를 위한 협상을 완료하기로 하였다. '더반 플랫폼(Durban Platform for Enhanced Action)'은 이렇게 만들어졌고, 파리협정은 더반 플랫폼에 따라 작성 및 채택되었다. 참고로 파리협정 채택일은 2015년 12월 12일이다.

"파리협정은 교토의정서와 무엇이 다를까?"

그 차이를 우리는 여섯 가지로 간략하게 정리해 볼 수 있다.

첫째, 교토의정서에서는 온실가스 배출량의 감축이 목표였다. 그러나 파리협정에서는 그보다 강력하고 효과적인 '목표 온도'를 목표로 하고 있다. 산업화 이전 수준과 비교하여 지구의 평균 온도가 2℃ 이상 상승하지 않도록 해야 한다는 '2℃ 목표(의무 목표)'가 협정문에 명시되었고, 더 나아가 1.5℃ 이상 상승하지 않도록 노력해야 한다는 '1.5℃ 목표(노력 목표)'도 포함되었다.

둘째, 파리협정에서는 온실가스 배출량의 '감축'에만 집중하였던 교토의정서와는 달리 '감축'과 '적응', '재원', '기술이전', '역량배양', '투명성' 등 여러 분야에 고루 관심을 기울이고 있다. 여기서 감축과 적응은 '목표'에 해당되고, 재원과 기술, 역량배양은 목표를 달성하기 위한 '수단'에 해당된다. 그리고 투명성은 수단을 통해 목표를 달성하기까지의 과정에서 강조되는 것이다.

셋째, 보다 많은 국가들의 참여를 유도하고 기후변화에 신속하게 대응하기 위해서 파리협정에서는 교토의정서에서 채택되었던 하향식(Top-Down) 방식과 달리 상향식(Bottom-Up) 방식을 채택하고 있다. 그래서 각 당사국들이 자국의 상황을 고려하여 자발적으로 목표(NDC)[10]를 정하도록 하였다. 파리협정에서는 NDC 제출의무를 모든 당사국들에게 부여하였지만, 그 내용에 대한 법적 구속력은 부여하지 않았다.

넷째, 교토의정서에서는 역사적 책임이 있는 국가들, 주로 선진국들에게 감축의무를 부여했었지만, 파리협정에서는 목표 온도를 달성하기 위하여 모든 국가들에게 NDC를 제출하도록 하였다. 이는 감축의무가 없었던 국가들까지 기후변화 대응에 동참하도록 한 것이라 볼 수 있다. 그래서 모든 국가들에게 부여한 NDC 제출에 대한 의무는 의미가 크다. 교토의정서 제1차 공약기간 동안 감축의무를 부담했었던 국가들은 40개국 정도였으며, 그 국가들의 온실가스 배출량은 전 세계 온실가스 배출량의 약 22% 비중에 불과하다는 한계를 보완한 것이기 때문이다.

다섯째, 파리협정은 종료시점이 없다. 의무 목표인 '2℃ 목표'를 달성하기까지 당사국들은 5년마다 새로운 NDC를 제출하여야 하고, 그 목표는 이전의 것보다 진전된 것이어야 한다.[11] 이러한 이유로 세계는 종료시점이 없이 기후변화에 지속적으로 대응할 수 있게 되었다.

여섯째, 교토의정서 기반의 기후체제에서 주요 행위자는 국가였지만, 파리협정 기반의 기후체제에서 주요 행위자는 국가만으로 한정되지 않는다. 다국적기업, 시민사회, 기타 민간 영역의 단체 등이 활동범위를 점차 넓혀가고 있고, 기후변화 대응에 있어서 그들의 역할도 증대되고 있기 때문이다.

<표 4.2>는 파리협정과 교토의정서의 차이를 비교하여 정리한 것이다. 이 표를 참고하면, 여러분은 '파리협정이 교토의정서와 무엇이 다른지'를 보다 쉽게 이해할 수 있을 것이다.

---

10) 파리협징에서 이 목표는 '국가결정기여(Nationally Determined Contribution, NDC)'라고 불린다.

11) 파리협정은 이와 같은 '진전원칙(Principle of progression)'이 적용됨에 따라 기후변화를 대응함에 있어서 퇴행하는 시도를 각 국가가 할 수 없도록 하였다. 즉, 세계가 지속적이고 효과적으로 기후변화에 대응할 수 있는 체제가 구축된 셈이다.

표 4.2 파리협정과 교토의정서의 비교

구분	파리협정	교토의정서
목표	의무 목표 : 2℃ 상승 억제 노력 목표 : 1.5℃ 상승 억제	온실가스 배출량 감축 (제1차 : 5.2%, 제2차 : 18%)
범위	온실가스 배출량 감축, 적응, 재원, 기술이전, 역량배양, 투명성 등	온실가스 배출량 감축
감축 의무국가	모든 당사국	역사적 책임이 있는 국가 (주로 선진국이 해당)
목표 설정방식	상향식	하향식
목표 불이행 시 징벌 여부	비징벌적	징벌적
목표 설정기준	진전원칙	특별한 언급 없음
지속가능성	지속성을 가짐	종료시점이 있는 공약기간을 가짐
행위자	국가뿐만 아니라 다양한 행위자들의 참여를 독려	국가

※출처 : 교토의정서 이후 신 기후체제 파리협정 길라잡이(환경부, 2016. 5.)

파리협정은 기후변화를 대응함에 있어서 교토의정서보다 더욱 효과적이고 지속가능하다는 장점이 있다. 그렇지만 파리협정이 채택되기까지는 적지 않은 어려움들이 있었다. 그 이유는 기후변화의 주요 원인으로 지목되고 있는 온실가스가 경제성장을 위한 산업활동의 부산물이기 때문이다. 그래서 기후변화의 심각성을 전 세계가 함께 인식하면서도, 그 문제를 해결함에 있어서는 크고 작은 이견들이 발생하고 첨예하게 대립하게 되는 것이다. "기후변화의 처음과 끝은 과학과 공학의 역할이 크다 하겠으나, 그 과정은 정치의 역할이 절대적일 수밖에 없다"고 말하는 이유가 바로 여기에 있다.

역사적 책임이 없는 국가들(즉, 교토의정서 기반 기후체제에서 '감축의무'가 없었던 국가들)을 파리협정에 동참시키는 데 얼마나 큰 어려움이 있었는지를 우리는 인도의 에너지부 장관과 총리의 말을 통해서 짐작할 수 있다. [그림 4.1]은 당시 그들의 모습이다.

"인도는 언제나 미국을 주요 동맹국으로 생각합니다. 그러나 서양 국가들, 즉 선진국들은 적극적으로 나서서 지원하지도 않으면서 장애물만 만들어내는 듯합니다. 기후변화를 막는다고 하는데, 말뿐이지 행동은 없습니다. …(이 말을 들은 엘 고어 전 미국 부통령은 최근까지 미국이 수행한 재생에너지 투자들을 설명하면서 인도 에너지부 장관의 말을 반박하였다.)… 150년 후에 인도도 그럴 겁니다. 인도의 석탄을 써서 국민에게 일자리를 주고 기반시설을 세우고 도로를 닦은 후에 말이죠. 기술력이 생기고 1인당 5만~7만 달러가 될 때까지 인도는 화석에너지를 쓸 겁니다. 미국이 지난 150년 동안 그랬듯이요. 지금이야 화석연료를 안 쓴다고 하지만 과거에는 어땠습니까? 150년 동안 미국이 한 만큼 탄소를 배출하겠다는 겁니다. 150년 동안이요."[12)]

"민주주의 국가 인도는 빠르게 성장해야 합니다. 12억 5천만 명의 열망을 이루어내야 합니다. 그 중 3억 명은 에너지를 쓸 수도 없습니다. 에너지는 인간의 기본적인 욕구이죠. 그러니 일방적인 결정을 그대로 따를 순 없습니다. 이는 경제적 장벽을 만들기 때문입니다. 그리하여 인도는 전통 에너지를 써야 합니다. 화석연료죠. 다른 연료를 쓴다면 도덕적으로 잘못된 겁니다."[13)]

---

12) 피유시 고얄(Piyush Goyal) 인도 에너지부 장관이 2015 파리 당사국총회 이전 엘 고어 전 미국 부통령과 회의를 가지면서 했었던 말이다.

13) 나렌드라 모디(Narendra Modi) 인도 총리가 2015년 파리 당사국총회에서 연설했었던 내용이다.

※출처 : 영화 '불편한 진실 2'에서 화면캡처

그림 4.1 인도의 총리와 에너지부 장관

기후변화협약의 핵심은?

현재의 기후변화 시대를 살아가는 우리가 궁극적으로 해야 할 일은 '온실가스 감축'과 '적응'이다. 누군가는 말한다. 지구 역사를 통틀어 봤을 때, 지금으로부터 과거 수백 년 동안이 인류가 가장 번영할 수 있었던 기후라고 말이다. 그리고 또 어떤 이들은 말한다. 지구 전체의 역사에서 기온이 따뜻해질수록, 즉 지구가 온난해질수록 다양한 생물종들이 번성했었다고 말이다. 모두가 맞는 말들이다. 하지만 지금처럼 인류와 다양한 생물종들이 번성하고 번영하기 좋은 기후환경이 인류의 인위적인 활동, 즉 산업활동 등에 의해서 변화되고 있다는 것은 분명 잘못되었다.

지구가 더워지고 있는 문제는 대형 화산의 폭발, 소행성의 충돌, 태양의 변화, 지구 운동의 변화 등으로 급격히 변화될 수 있다. 그렇지만 인류가 번성하고 번영할 수 있었던 지금까지의 기후환경을 인류가 그들의 활동을 위해서 인위적으로 변화시키는 것은 거듭 말하지만 분명히 바람직하지 않다. 기후변화는 극단적인 이상기상들을 일으키고 해수면을 상승시키는 등의 문제들을 발생시킴으로써 인류에게 재산피해를 입힘은 물론이고 생존에도 위협을 가하기 때문이다. 특히, 아직 과학기술과 산업이 발전하지 못한 개발도상국들과 후진국들은 경제적 그리고 기술적 대응이 어렵기 때문에 더욱 그러하다.

따라서 역사적 책임이 있는 국가들, 즉 선진국들과 현재 산업활동을 활발하게 진행하고 있는 개발도상국들[14]은 온실가스의 감축을 적극적으로 실천하면서 극단적인 이상기상들로부터 입게 될 피해들에 대하여 대응하고 또 적응해가야 한다. 이와 함께 현재의 기후변화에 역사적 책임이 없고 산업활동도 미미한 개발도상국들[15]과 후진국들이 기후변화 문제에 대응하고 적응할 수 있도록 경제적 그리고 기술적 지원들을 해주어야 한다. 우리가 기후변화협약을 '기술과 자본의 문제'라고 말하는 이유가 바로 여기에 있다.

---

14) 중국과 같은 높은 수준의 경제적 성장을 달성하고 있는 개발도상국들

15) 동남아시아와 아프리카, 남아메리카 지역에 위치한 경제적 성장이 낮은 수준으로 이루어진 개발도상국들

조금 더 생각을 해 보면, 기술은 자본의 영향을 많이 받는다. 그렇기 때문에 기후변화협약을 이행하기 위한 필수적인 요소는 '자본(경제력)'이라고 말할 수 있다. 결국, 기후변화협약은 경제력이 뒷받침되어야 성공적으로 이행할 수 있는 국제협약이며, 각국의 경제적 상황을 고려하여 정치적으로 접근해야 하는 국제정치의 문제이다.

신재생에너지 발전, 지속가능한 발전(發電)?

05
CHAPTER

05 CHAPTER

신재생에너지 발전, 지속가능한 발전(發電)?

신재생에너지[1]는 재생에너지와 신에너지의 합성어이다. 재생에너지는 자연으로부터 얻어지거나 인간이 사용한 폐자원을 재활용하여 얻은 에너지원을 이용하여 생산한 에너지이고, 신에너지는 신기술을 활용하여 온실가스와 환경오염물질들을 거의 배출하지 않고 생산한 에너지이다. 따라서 신재생에너지의 발전량 비중을 높인다는 것은 화석연료의 사용량을 대폭 줄임으로써 온실가스의 배출량을 대폭 감축한다는 의미이다. 이는 결과적으로 기후변화 대응을 위한 적극적인 노력인 셈이다. 신재생에너지 발전은 분명히 현재의 기후변화를 대응하기 위한 좋은 방법이다. 그러면서도 인류가 필요로 하는 에너지를 지속적으로 생산하여 공급한다는 장점이 있다. 하지만 "현실에서 얼마나 실효성이 있는지" 그리고 "파생되는 사회적인 문제들은 없는지"를 곰곰이 따져 볼 필요가 있다. 많은 기술(혹은 법·정책)들은 우리의 실생활에 적용되는 과정에서 종종 예상치 못한 문제들을 발생시키기 때문이다.

---

1) 이 책에서 언급하고 있는 결과물로서 신재생에너지는 주로 전기에너지이다.

태양에너지

태양열발전과 태양광발전은 태양에너지를 이용하여 전력을 생산하는 대표적인 발전방식이다. 태양열발전과 태양광발전은 지구로 도달하는 태양의 복사열과 빛에너지를 에너지원으로 사용하여 전기를 생산하는데, 그 에너지원인 태양에너지는 인류에게 거의 무한에 가까운 에너지를 제공할 수 있고, 온실가스나 환경유해물질을 배출하지 않는다는 이점이 있다.

태양열발전은 복사열 형태로 지구에 도달하는 태양에너지를 발전에 사용한다. 태양의 복사열(이하 '태양열')은 그 자체로 전기를 만들 수 없다. 그렇기 때문에 태양열은 전기를 생산하는 데 필요한 운동에너지 발생 에너지원으로 사용된다. 태양열발전시스템은 태양열을 모으는 집열판, 증기압을 발생시키는 저수조, 기계운동을 하는 터빈 및 열교환기, 운동에너지를 전기에너지로 전환해주는 발전기 등으로 구성된다([그림 5.1(a)] 참고). 그리고 이 시스템은 다음의 원리로 전기를 생산한다. "집열판은 태양열을 모은다. → 열에너지는 저수조에 담긴 물을 끓인다. → 수증기는 터빈을 가동시켜 운동에너지를 발생시킨다. 이때, 열교환기는 수증기를 액화시키면서 압력차를 발생시키고 이 압력차는 운동에너지를 발생시키는 원동력이 된다. → 운동에너지는 발전기에서 전기에너지로 전환된다." 즉, 태양열발전은 태양열을 사용하여 운동에너지를 만들고 이 운동에너지를 전기에너지로 전환시키는 원리가 적용되었다고 말할 수 있다.

태양광발전은 태양열발전과는 다른 시스템의 구성과 원리를 가진다. 태양광발전은 빛에너지 형태로 지구에 도달하는 태양에너지를 발전에 사용한다. 태양의 빛에너지(이하 '태양광')는 전기를 직접적으로 생산할 수 있다. 그렇기 때문에 태양열발전처럼 중간 단계(열에너지 → 운동에너지 → 전기에너지)를 거쳐야 할 필요가 없다. 태양광발전시스템은 태양광에 의해 전기를 발생시키는 태양광모듈[2)], 이용하기 적합한 형태로 전기를 변환시켜주는 변환기 등으로 구성된다([그림 5.1(b)] 참고). 그리고 이 시스템은 다음의 원리로 전기를 생산한다. "태양으로부터 빛에너지를 받은 태양광패널[3)]은 전기를 발생시킨다. → 그 전기는 변환기를 거치면서 이용하기 적합하게 변환된다."

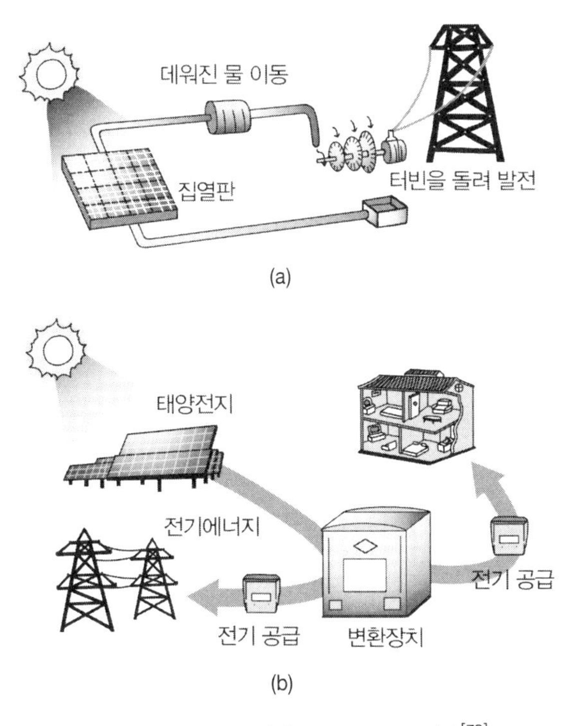

그림 5.1 태양열발전(a)과 태양광발전(b)[78]

---

2) 태양광모듈은 태양전지, 즉 태양광패널을 비롯하여 태양광발전을 위해 필요한 여러 부분품들이 함께 구성되어 있는 집합체이다.

3) 태양광패널은 실리콘처럼 반도체적 특성을 가지는 소재로 만들어지는데, 에너지의 한 형태인 빛을 받으면 전자와 정공이 분리된다. 전자(electron, e^-)가 모여드는 곳은 '-극'을, 정공(hole, h^+)이 남아있는 곳은 '+극'을 형성한다.

거듭 말하지만 태양열발전과 태양광발전은 에너지원인 태양이 사라지지 않는 한 영구적으로 전기를 생산할 수 있고, 우리가 살아가고 있는 지구에 유해하지 않다는 장점이 있다. 그럼에도 불구하고 이것들은 기술적으로 또 사회적으로 작지 않은 문제들을 일으키고 있기 때문에 무조건적인 공급 및 보급은 곰곰이 고민을 해봐야 한다.

태양열발전은 원리적으로 태양열을 에너지원으로 사용하기 때문에 태양열을 상대적으로 적게 받는 계절이나 지역에서 효율성 크게 떨어질 여지가 다분하다. 게다가 물을 담아두고 이동시키는 저수조와 배관을 구성해야 하기 때문에 영하의 기온이 지속되는 겨울철에는 동파(凍破)가 될 우려도 상존한다. 이러한 문제들로 인하여 현재 태양열발전은 선호되지 않는 상황이다.

태양광발전은 태양열발전과 같은 문제들을 가지지 않지만, 이 역시 문제가 없는 것은 아니다. 태양광발전은 발전량이 지역에 따라 크게 달라진다. 보다 정확하게 말하자면, 각 지역에 따라 달라지는 일조량이 발전량에 크게 영향을 미친다. 즉, 태양광발전은 각 지역의 일조량에 따라서 발전량이 달라지기 때문에 태양광발전시스템(또는 태양광발전소)이 위치하는 지역 그리고 그 지역의 기상조건이 매우 중요하다. 이와 관련하여 두 가지 예를 들어보자. 첫째, 강원도 산간 지역에 유용할 수 있는 부지(敷地)가 있어 태양광발전시스템을 설치하였다. 그 지역은 일평균 일조시간이 6시간 이상이다. 태양광발전을 하기에 나쁜 위치는 아니지만 태양광발전시스템이 설치된 위치의 북쪽에 높은 산이 있어 부분적으로 1~3시간 정도 그림자가 드리운다. 그렇다면 그 지역은 태양광발전을 하기에 적합하지 않다, 둘째, 해안가에 위치한 지역이다. 이 지역은 일조량도 다른 지역들보다 많고, 주변에 높은 건물이나 산도 없어 그림자가 드리울 염려도 없다. 그러나 봄철만 되면 장거리를 이동해 오는 황사 때문에 태양광발전을 함에 있어서 부정적인 영향을 받는다.

태양광발전은 발전효율이 현재까지 대략 30~40% 정도에 불과하다는 문제도 있다. 이러한 이유로 국제유가가 낮아지는 저유가 상황이 지속되면 태양광발전은 경제성을 가지기 어렵다. 또한 발전효율이 높지 않기 때문에 태양광발전 시 태양광모듈이 많이 필요하고, 이로 인하여 비교적 넓은 설치면적을 필요로 한다. 실제 태양광발전소 부지로 조성되는 내륙의 지역들을 찾아가보면 태양광발전이 넓은 부지를 필요로 하기 때문에 산림훼손이 이루어진 경우가 많다. 더구나 한국의 경우 좋지 못한 경제상황과 신재생에너지 정책의 특수성 때문에 많은 사람들이 태양광발전사업에 뛰어들면서 환경문제를 더욱 가중시키고 있다.

수상태양광발전은 넓은 부지를 필요로 하여 산림훼손과 같은 환경문제를 파생시키는 지상태양광발전(이하 '태양광발전')에 대한 대안으로 제시되고 있다. 수상태양광발전은 단어의 의미 그대로 수상(水上), 즉 연안 인근의 바다나 호수 등에 태양광발전시스템을 설치하여 발전을 한다. 그래서 넓은 부지를 확보하기 위하여 산림을 훼손하고 산을 깎는 등의 환경파괴가 이루어지지 않는다.

하지만 수상태양광발전 역시 몇몇 문제들을 가지고 있다. 첫째는 기술적인 문제이다. 수상태양광발전은 수상에 설치를 해야 하기 때문에 비교적 난이도가 높은 수상구조물 기술이 요구된다. 그리고 발전한 전기를 사용자에게 공급하기 위해서 필요한 수중에서의 송전기술이 아직까지 완벽하지 않다는 문제도 있다. 둘째는 환경적인 문제이다. 수상의 상당 면적을 태양광패널로 덮고 있기 때문에 수중으로 전달되어야 할 태양복사에너지가 줄어듦으로써 수중의 환경을 변화시킬 가능성이 있고, 전기를 생산하고 송전하는 과정에서 수중의 동·식물들에게 좋지 못한 영향을 미칠 가능성도 있다. 수상태양광발전은 아직 시장에서 범용으로 사용되고 있는 기술이 아닌 도입기(또는 성장기)의 기술이다. 그렇기 때문에 언급한 두 가지 문제들 이외의 문제들이 추가적으로 나타날 가능성을 배제할 수 없다.

풍력발전

풍력발전은 바람의 힘(風力)을 이용하여 전기를 생산하는 친환경·무공해 발전방식이다. 바람의 힘은 태양광처럼 그 자체로 전기를 생산할 수 없다. 그렇기 때문에 바람의 힘은 전기를 생산하는 데 필요한 운동에너지 발생 에너지원으로 사용된다.

풍력발전시스템은 바람의 힘을 적당한 운동에너지로 만들어주는 날개(Blade)와 기어박스(Gear Box), 운동에너지가 전기에너지로 전환되는 발전기, 소비자가 사용하기 적합한 형태의 전기로 변환해주는 변환기, 전력을 전송하는 송전시설 등으로 구성된다([그림 5.2] 참고). 그리고 이 발전시스템은 다음의 원리로 전기를 생산한다. "날개는 바람의 힘에 의해서 움직인다. 즉, 운동에너지가 발생한다. → 기어박스는 충분한 운동에너지가 발생하도록 날개의 운동을 가속시킨다. → 운동에너지는 발전기에서 전기에너지로 전환된다. → 변환기는 사용자가 사용하기에 적합한 형태로 전기를 변환시킨다. → 이후 송전시설 등에 의해서 그 전기가 사용자에게 공급된다."

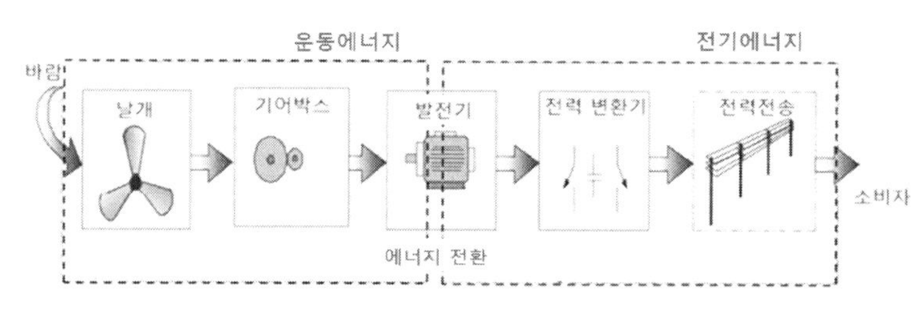

그림 5.2 풍력발전시스템의 구성 및 원리[79]

지구상에 대기가 존재하는 동안은, 또 지구의 운동과 태양복사에너지의 균형 등이 이루어지는 동안은 바람의 힘은 항시 존재할 수밖에 없다. 그렇기 때문에 풍력발전은 인류가 영구적으로 전기를 생산할 수 있는 발전방식이다. 그러면서도 그 발전(發電)을 하는 과정에서 온실가스나 그 외의 환경오염물질들이 배출되지 않는다는 장점이 있다. 하지만 이러한 장점들에도 불구하고 풍력발전은 기술적인 한계와 사회적인 문제가 드러나고 있어 무조건적인 공급 및 보급은 곰곰이 고민을 해봐야 한다.

풍력발전은 지형적인 특성에 따라 발전량의 차이가 크다. 이 말은 즉 풍력발전이 장소의 제약을 크게 받는다는 의미이다. 기본적으로 풍력발전은 바람의 힘이 충분하게 존재하는 지역에 설치가 되어야 한다. 그렇기 때문에 대기가 안정되어 있는 지역보다는 대기가 불안정한 지역이, 계절에 상관없이 항시 적정한 양의 바람이 불어오는 지역이, 주변에 큰 장애물들이 없어 바람을 오롯이 받을 수 있는 지역이, 비교적 대규모의 면적을 제공받을 수 있는 지역이 풍력발전소 부지로 선호되고 있다. 만일 그렇지 못한 지역에 설치된다면 그 풍력발전소는 전력생산이라는 측면에서 무용지물(無用之物)이 될 가능성이 높다. 한국의 경우에는 일부 섬 지역들과 해륙풍이 비교적 크게 발생하는 대관령 산지, 연안 인근 또는 몇몇 해상 정도만이 풍력발전을 효과적으로 할 수 있는 장소들이다.

풍력발전은 '장소의 제약'뿐만 아니라 태양에너지에 의한 발전방식들처럼 발전효율이 그다지 높지 않다는 한계도 있다. 이와 관련하여 한국풍력산업협회(www.kweia.or.kr)의 언급이 있는데, 다음과 같이 옮겨본다.

"풍력발전기[4]는 이론상으로 바람에너지의 최대 59.3%까지 전기에너지로

4) 여기서 사용된 '풍력발전기'라는 용어는 '풍력발전시스템'과 동일한 의미를 가진다.

변환시킬 수 있지만, 현실적으로 날개의 형상, 기계적 마찰, 발전기의 효율 등에 따른 손실요인이 존재하기 때문에 실용상의 효율은 20~40% 수준에 머물고 있다."[80]

풍력발전의 효율을 높이기 위해서 풍력발전시스템 및 그 관련 부품들에 대한 기술들이 꾸준히 연구개발 되고 있지만, 아직까지는 획기적일 정도로 발전효율이 개선된 것이 없는 상황이다. 물론 머지않은 미래에 발전효율이 매우 높은 풍력발전시스템이 개발되어 널리 보급되고 충분한 양의 전기를 생산할 가능성은 충분히 있다. 왜냐하면 그러한 미래를 위해서 많은 연구·개발자들이 밤낮으로 노력을 하고 있기 때문이다.

바로 앞에서 언급한 내용이 기술적인 한계라고 했다면, 지금부터 언급하고자 하는 내용은 사회적인 문제이다. [그림 5.3]은 풍력발전시스템의 설치로 인하여 발생하는 지역 거주민 피해와 환경훼손에 대한 사례를 보여주고 있다. 실제로 풍력발전시스템이 설치되어 운영되고 있는 지역들에서는 그 지역민들로부터 여러 피해사례들이 접수되고 있다.

※출처 : KBS창원 & 포항MBC 뉴스에서 화면캡처

그림 5.3 **풍력발전에 의한 지역 거주민 피해**[81,82]

에너지경제신문의 송찬영 기자가 2015년 1월 19일 보도한 기사를 보면, 풍력발전시스템이 설치된 지역의 지역민들이 피해를 호소하는 인터뷰 내용들이 있다. 그 내용들을 일부 옮겨보도록 하겠다.

"여기 영암인데요. 인터넷에서 기사를 보고 전화했어요. 풍력발전소가 들어선 뒤로 잠도 못자고, 몸에 기운이 하나도 없어요. 두통도 생기고…….(김△호 씨)", "설치할 때 공청회 등 동의가 전혀 없었다. 소리도 큰 편이지만, 경관도 여기서 생활하는 사람들에게는 어마어마하게 스트레스다.(김○호 씨)", "일을 하다 보면 귀가 먹먹하고 저 소리만 들린다. 바람이 심하게 불 때면 '어글어글' 앞산이 울어버린다. 여름이라도 밤이면 문을 꼭꼭 닫아야 하고, 휴대폰 약도 금방 단다.(최□례 씨)"[83]

해상풍력발전은 저주파 소음과 같은 환경문제를 일으키고 풍력의 충분한 확보가 제한되고 있는 지상풍력발전(이하 '풍력발전')에 대한 대안으로 제시되고 있다. 해상풍력발전은 단어의 의미 그대로 해상(海上), 즉 바다 위에 풍력발전시스템을 설치하여 발전을 하는 것이다. 이러한 이유로 해상풍력발전은 다음과 같은 장점들이 있다. 첫째, 사람들이 살아가는 지역과 상당 거리가 이격이 되어 있기 때문에 지역민들은 저주파 소음 등으로부터 자유로울 수 있다. 둘째, 육지보다 대기불안정 상태가 큰 해상에 풍력발전시스템들이 위치해 있기 때문에 상대적으로 충분한 세기의 바람을 많이 확보할 수 있다.

그러나 해상풍력발전 역시 몇몇 문제들을 가지고 있다.

첫째는 기술적인 문제이다. 해상풍력발전은 해상에 설치를 해야 하기 때문에 비교적 난이도가 높은 구조물 기술이 필요하다. 해상풍력발전시스템은 수심에 따라서 각기 다른 방식으로 설치된다. 수심이 0~20m인 얕은 곳에는 해저면(海底面)을 콘크리트로 다진 후에 기둥을 꽂는 '중력케이스'방식을 사용한다. 이 방식은 초기 해상풍력단지를 조성할 때 많이 사용한다.

그렇지만 질량이 수십 ton 이상, 지름이 5m 이상인 기둥을 가지는 해상풍력발전시스템을 깊은 수심인 지역에 설치할 때에는 이 방식을 적용하기가 어렵다. 수심 20~50m 이내의 해상에 해상풍력발전시스템을 설치할 때에는 '모노파일'방식이 적절하다. 이 역시 설치방법 측면에서는 '중력케이스'방식과 유사하다. 그러나 발전시스템의 크기가 커지면서 무게를 못 이겨 몸체에 균열이 생기거나 파괴될 가능성이 상대적으로 크다는 단점이 있다. 또한 '중력케이스'방식의 풍력발전시스템보다 몸체가 크기 때문에 해저에 단단히 고정하기 위해서 약 1만 번 거대한 망치로 때려 박아야 하는데, 이 과정에서 발생하는 소음으로 돌고래 등이 폐사할 가능성이 있다. 수심이 80m 이상이 되는 곳에는 '트라이포트'방식 등이 적당하지만, 현재까지 경제성을 가지면서 안정적인 설치가 가능한 기술이 충분히 확보되지 못한 상황이다. 또한 수심에 상관없이 해상풍력발전시스템을 설치 가능한 '부유식'도 아직 연구개발이 진행 중인 단계로 기술이 확보되지 못하였다([그림 5.4] 참고).[84] 기술적인 문제는 설치에 대한 기술뿐만 아니라 '수상태양광발전'처럼 송전기술에 대한 문제도 있다.

둘째는 환경적인 문제이다. 해상풍력발전시스템을 설치하는 과정에서 그리고 설치를 한 이후 풍력발전이 이루어지는 과정에서 소음들이 발생하여 해양생물들이 폐사할 가능성이 있다. 또한 풍력발전으로 생산한 전기를 육지로 송전하는 과정에서 해양생물들에게 부정적인 영향을 미칠 가능성도 충분히 있다.

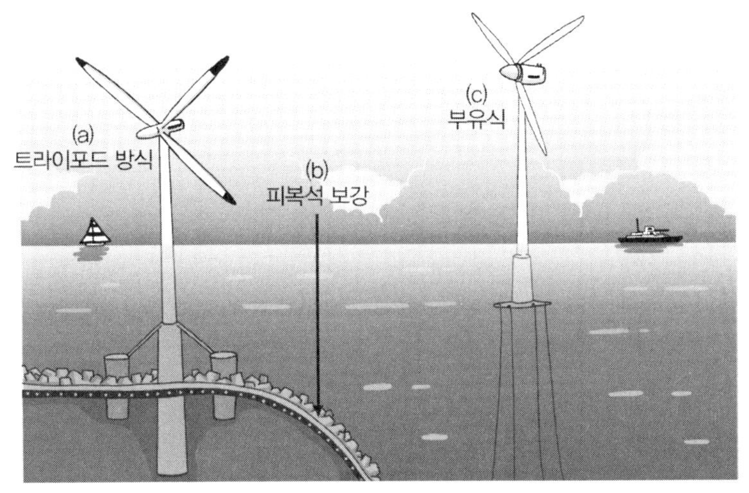

(a) 강재구조물을 해저에 설치하고 그 위에 풍력발전기를 설치. 깊은 곳도 가능하지만 강재구조물 파손 우려가 있다.
(b) 콘크리트 커버가 해류나 어류 때문에 손상되는 것을 막기 위해 커다란 돌을 놓아 단단하게 고정시킨다.
(c) 바다에 띄운 부유물에 풍력발전기를 올려놓는 방식. 수심에 관계없이 설치 가능하지만 아직 연구개발 단계다.

그림 5.4 해상풍력발전시스템의 설치 방식[84]

해양에너지

해양, 즉 바다는 우리 인류에게 풍부한 자원의 보고임은 물론 모든 생명체들의 고향이다. 그리고 심해에는 아직 인류가 확인하지 못한 공간과 생명체들이 있을 것이라 추측되고 있어, 해양은 지구로부터 먼 우주처럼 인류에게 신비로운 미지의 공간이기도 하다. 이러한 해양은 전기를 생산하고 소비하는 우리 인류에게 무한한 에너지원으로서도 그 의미가 매우 크다.

해양에너지는 친환경적이면서 영구적으로 전기를 생산할 수 있는 발전방식들의 에너지원으로 주목을 받고 있다. 조력발전과 조류발전, 파력발전, 해양온도차발전 등이 바로 해양에너지를 이용하여 전기를 생산하는 대표적인 발전방식들이다. 이 발전방식들은 해양에너지를 이용한다는 공통점이 있지만, 각기 다른 원리가 적용되며, 또 각기 다른 장·단점을 가진다.

조력발전은 조수간만의 차이로 발생하는 조력(潮力)[5]을 이용하여 전기를 생산하는 발전방식이다. 조력발전은 조력으로부터 얻어지는 운동에너지를 이용하여 전기에너지를 생산한다. [그림 5.5]를 보자. 이 그림은 조력발전소가 어떻게 구성되어 있고, 어떻게 전기에너지를 생산하는지 보여주고 있다. 조력발전소는 조력을 에너지원으로 사용하기 때문에 기본적으로 조수간만의 차이가 큰 지역에 건설되어 운영된다. 그래서 우리에게 잘 알려진 프랑스의 랑스 조력발전소(1966년 완공), 캐나다의 아나폴리스 조력발전소(1984년 완공), 한국의 시화 조력발전소(2011년 완공) 등은 모두 조수간만의 차이가 큰 지역에 건설되었다. 조력은 발전용 터빈을 가동시키는 운동에너지로서 역할을 하고, 그렇게 가동된 터빈은 전기에너지를 생산한다.

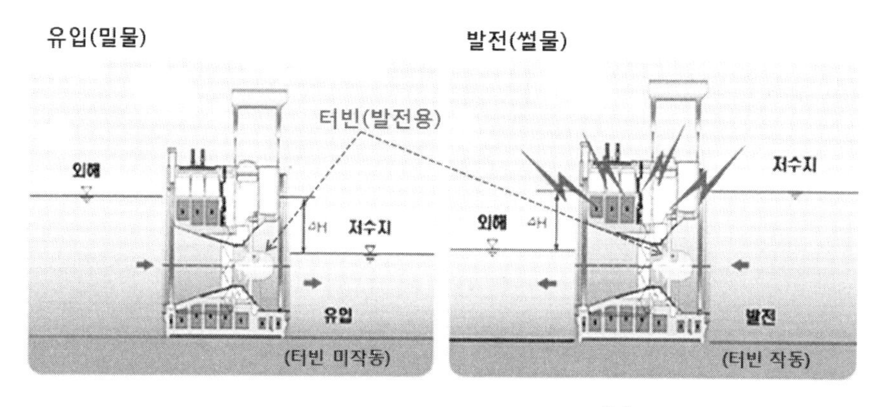

그림 5.5 조력발전소의 구성 및 원리[85]

5) 조력은 조수간만의 차이로 인하여 생기는 힘이다. 조수간만의 차이는 해양에서 발생하는 간조와 만조로 인하여 발생하는데, 이 간조와 만조는 지구와 달이 천체운동을 함에 따라 지구와 달 사이에 존재하는 인력이 달라지면서 생기는 해양현상이다.

조력발전소는 조력을 적절히 이용하기 위하여 연안 지역에 일종의 갑문(閘門)을 건설하여서 바다(외해, 外海)와 저수지로 구분을 한다. 그 이유는 밀물일 때 바다에서 저수지로 물이 유입되도록 하여 저수지의 수위가 높아지도록 하고, 썰물일 때 바다의 수위가 낮아지면 갑문을 열어 저수지의 물이 바다로 흘러가도록 하여 갑문 사이에 설치된 터빈을 가동시키기 위함이다. 즉, 수위차에 의한 바닷물의 운동에너지를 적절히 얻기 위함이라고 말할 수 있다. 조력발전소는 그 구성이 바다와 저수지를 구분하는 갑문으로만 구성되어 비교적 단순해 보이지만, 그 갑문에는 발전을 할 수 있는 터빈과 여러 복잡한 기계장치들이 설치되어야 하기 때문에 기술적으로 절대 단순하지가 않다. 또한 [그림 5.6]에서 보여주고 있듯이 조력발전소는 그 규모가 매우 큰 편이기 때문에 높은 수준의 토목 및 건설기술이 요구된다.

※출처 : 본 발전소 홈페이지

그림 5.6 시화 조력발전소[86]

조력발전은 지구에 바다가 존재하는 한, 그리고 지구와 달 사이에 천체운동으로 인한 조수간만의 차이가 존재하는 한 영구적으로 발전이 가능하고, 그 발전을 하는 과정에서 온실가스 및 환경오염물질들이 배출되지 않는다는 장점이 있다. 그러나 갯벌의 파괴와 해양 생태계의 변화라는 문제들은 "우리가 조력발전을 친환경 발전방식으로서 인식하고, 그 발전소의 건설을 확대해 나가야 하는가?"라는 물음에 봉착하도록 한다. 곰곰이 생각해 보면, 조력발전소 건설의 무조건적인 확대는 문제가 있다. 전기를 무공해로 생산한다는 장점이 분명히 있지만, 그로 인하여 발생하는 환경문제는 우리의 삶에 직·간접적으로 좋지 못한 영향을 미치기 때문이다.

2011년 한국환경정책·평가연구원에서 발간한 연구보고서 <조력발전소 건설사업에 의한 해양생물상 영향 사례 고찰>을 간략히 살펴보도록 하자.

"조력발전소 건설 및 운영 이후의 해양환경 변화는 조차 및 조간대 면적 감소, 퇴적물 분포 변화 그리고 염도, 탁도, 영양염류, 중금속 등을 포함한 수질 변화 등으로 요약된다. 조력발전소 건설로 인한 가장 큰 환경피해는 외해와 조지(조석저수지) 간 해수 교환의 차단에서 비롯된다. …(중략)… 이미 랑스 조력발전소의 사례에서 살펴보았듯이 가물막이를 이용한 방조제 건설기간 동안 외해와 조지 간의 해수교환이 차단됨으로써, 해양생물상이 심각하게 파괴되었다. …(중략)… 시화 조력발전소의 경우는 조지와 외해 간의 해수유통이 이루어지면서 오염 문제는 어느 정도 해결될 것으로 기대하고 있으나 운영 이후 터빈에 의한 해양생물의 피해가 없는지, 운영 이후의 생태환경 변화, 특히 조간대 서식지의 변화로 인한 해양생물상이 어떠한 방향으로 변화되는지에 대해 면밀한 사후영향평가가 이루어져야 할 것이다."[87]

조력발전은 해양환경의 변화라는 문제뿐만 아니라 조수간만의 차가 큰 곳에서 이루어져야 하기 때문에 장소에 대한 제약이 존재하고, 대규모의 토목 및 건설작업이 필요하기 때문에 다른 발전들에 비해 경제성이 있는지에 대한 논란도 끊임없이 제기되고 있다. 따라서 "조력발전이 과연 우리가 직면하고 있는 기후변화 문제에 대한 해결책인가?"라는 질문을 우리 스스로에게 건네야 하고, 그 질문에 대한 답변은 '무조건적인 조력발전소 건설의 확대'가 아닌 '깊이 있는 고민이 반드시 선행된 이후 얻어진 것'이어야만 한다.

조류발전은 바닷물의 흐름이 빠른 곳, 즉 조류(潮流)가 빠른 곳에 풍력발전시스템과 유사한 형태의 발전시스템들을 설치하여 전기를 생산하는 발전방식이다. 조류발전은 물의 흐름으로부터 얻어지는 운동에너지를 이용하여 전기에너지를 생산한다. [그림 5.7]을 보자. '울돌목 조류발전소 개념도'와 '헬리칼 터빈'을 보여주고 있는데, 조수간만의 차이를 이용하는 조력발전소와 확연하게 다르다는 것을 확인할 수 있다. 일단, 그림을 통해서 확인되는 차이점(즉, 특징)만 언급해 보더라도 '조석저수지와 일종의 갑문이 없어 큰 규모의 토목 및 건설작업이 소요되지 않는다는 점', '바닷물의 흐름으로부터 운동에너지를 얻기 때문에 상시 발전이 가능할 수 있다는 점', '발전에 필요한 운동에너지는 인간의 개입 없이 순수하게 자연현상으로부터 얻어진다는 점' 등이다.

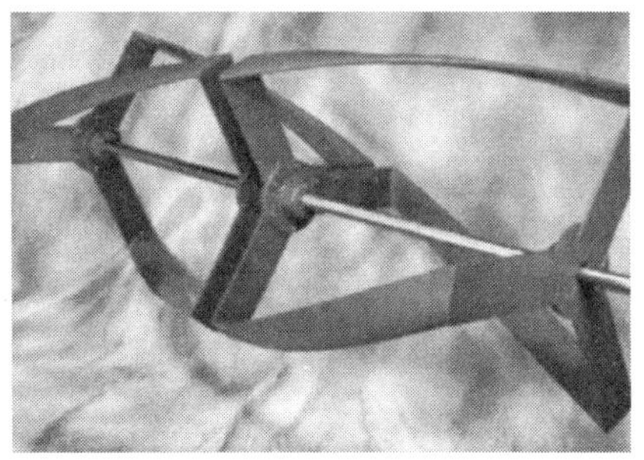

그림 5.7 울돌목 조류발전소 개념도와 헬리칼 터빈[88]

조류발전의 첫 번째 장점은 조력발전에서 나타나는 갯벌의 파괴와 그로 인한 해양 생태계의 변화가 없다는 점이다. 이러한 장점을 가지는 이유는 대규모의 토목 및 건설작업이 필요하지 않기 때문이다. 두 번째 장점은 어느 정도의 세기를 가지는 조류가 지속되는 장소라면 조류발전은 영구적으로 전기에너지를 생산할 수 있다는 점이다. 그러나 이 장점은 "풍력발전도 그렇지 아니한가?"라는 질문과 함께 "그렇다면 두 번째 장점은 조류발전만의 장점이 아니다!"라고 반박될 수도 있다. 그러나 이러한 질문과 반박은 잘못되었다. 조류발전은 풍력발전과 매우 비슷한 원리로 운영되지만, 운동에너지를 만드는 바닷물이 공기에 비해서 약 840배 큰 밀도를 가지는 이유로 발전효율이 현격이 높기 때문이다. 즉, 풍력발전은 바람의 세기가 미미하면 발전이 어렵지만, 조류발전은 약 1㎧의 유속만 있어도 발전이 가능하기 때문이다.[6] 세 번째 장점은 조력발전과 몇몇 발전방식들에 비해서 상대적으로 높은 경제성을 가진다는 점이다. 그 이유는 발전효율이 상대적으로 높을 뿐 아니라 조류발전에 필요한 운동에너지도 인간의 개입 없이 순수하게 자연으로부터 얻어지기 때문이다.

하지만 조류발전은 이 역시 '장소의 제약'이 있고, 기술적인 측면에서도 아직 연구개발이 진행되고 있는 상황이라는 한계가 있다. 또한 해양에 폐기물 등이 투기되어 수중에 부유하게 된다면 조류발전시스템의 작동에 지장을 줄 수 있다. 그래서 조류발전소가 설치 및 운영되는 지역에서는 지속적으로 청정함을 유지해주어야 한다.

파력발전은 파도의 힘, 즉 파력(波力)을 이용하여 전기를 생산하는 친환경·무공해 발전방식이다. 파도의 힘은 그 자체로 전기를 생산할 수 없기 때문에

---

6) 조류발전은 유속이 1㎧ 이상만 되어도 발전이 가능하지만, 경제성을 가질 수 있는 유속은 2㎧ 이상으로 알려져 있다.[89]

전기를 생산하는 데 필요한 운동에너지 발생 에너지원으로 사용된다. 파력발전소는 파도의 힘으로 운동에너지를 만들어주는 공기실을 갖춘 시멘트 구조물, 운동에너지를 전기에너지로 전환시키는 발전기(터빈발전기), 송전시설 등으로 구성된다([그림 5.8] 참고). 그리고 이 발전소는 다음과 같은 원리로 전기를 생산한다. "파도가 친다. 그러면 시멘트 구조물 내부의 공기실로 해수가 유입되면서 공기가 압축된다. → 압축된 공기는 터빈발전기를 작동시키면서 외부로 빠져나간다. 이때, 터빈발전기는 전기에너지를 생산한다. → 파도가 가라앉으면 공기실로 밀려서 올라간 해수는 다시 낮아지고, 터빈발전기 방향으로부터 공기가 유입되어 공기실 상층부에 채워진다."7)

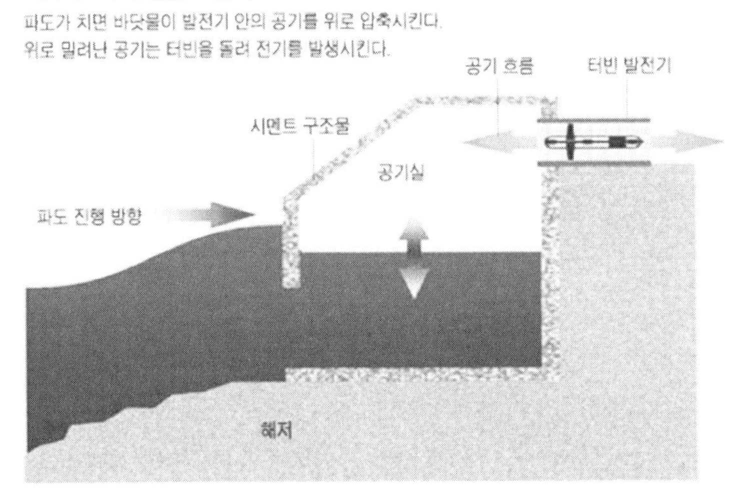

그림 5.8 파력발전소의 구성 및 원리[90]

---

7) 파력발전은 운동에너지(또는 위치에너지)를 이용하여 전기에너지를 만드는 발전방식으로서, 가동물체형, 진동수주형, 월파형, 착저식, 부유식 등으로 여러 형태와 원리를 가진다. 그러나 기본적인 발전소의 구성 및 원리는 모두 유사하다.

파도는 바다와 바람이 지구상에 존재하는 한 계속적으로 생겨날 수밖에 없다. 바람에 의한 해수의 움직임, 바로 그것이 파도이기 때문이다. 그래서 파력발전은 인류가 전기를 영구적으로 생산할 수 있다는 장점이 있다. 또한 온실가스의 배출과 환경파괴가 없다는 장점도 있다. 그러나 현재까지 주를 이루고 있는 발전방식인 여러 형태의 화력발전들을 파력발전으로 전면 대체하거나, 그 발전비중을 터무니없는 수준으로 높이기에는 어려움이 있다. 그 이유는 다음과 같다. 첫째, '장소의 제약'이다. 파력발전소를 건설하고 운영하기 위해서는 '파력이 풍부한 연안', '수심 300m 미만의 해상', '항해와 항만 기능에 방해가 되지 않는 장소' 등이 고려되어야만 하는데, 이 모든 조건들을 충족하는 장소는 국내·외적으로 그다지 많지 않다. 둘째, '운영상의 문제'이다. 파력발전소는 파도에 노출되어 부딪힘에 따라 구조물이 파손될 우려가 항시 존재하고, 화석연료를 사용하는 발전방식들에 비해서 경제성이 높지 않다는 문제가 지속적으로 제기되고 있다.

해양온도차발전은 해양 표층의 온도와 심층의 온도 차이(즉, 해양 표층-심층의 온도차)를 이용하여 전기를 생산하는 발전방식이다. 모든 바다는 깊이를 가진다. 그리고 깊이가 깊은 곳에서의 해수와 표층에서의 해수는 서로 다른 온도차를 가진다. 이것은 서로 전달된 태양복사에너지의 양(즉, 열)이 다르기 때문인데, 일반적으로 표층에서의 해수온도가 높고 심층에서의 해수온도가 낮은 이유는 바로 이 때문이다. 단, 해저면에서 용암이 흘러나와 심층에서의 해수온도가 높은 경우는 제외한다. 해수의 온도차는 전기를 생산하는데 필요한 운동에너지를 만든다. 해양온도차발전시스템 내부에 사용되는 암모니아가 액화 및 기화 되면서 운동에너지를 만드는데, 이 액화 및 기화는 해수의 온도차에 의해서 이루어지기 때문이다.

해양온도차발전시스템은 표층수의 유입/배출구, 기화기, 펌프, 심해수의 유입/배출구, 압축기, 터빈발전기 등으로 구성되고, 운동에너지 발생을 위해 암모니아를 사용한다([그림 5.9] 참고). 그리고 이 발전시스템은 다음과 같은 원리로 전기를 생산한다. "약 25℃ 정도의 표층수는 기화기에 위치한 유입/배출구를 통과하면서 암모니아를 기화시킨다. → 기화된 암모니아는 부피가 팽창하고 운동성이 커지면서 터빈발전기가 위치한 곳까지 이동하여 터빈발전기를 작동시킨다. → 터빈발전기는 전기에너지를 생산한다. 즉, 운동에너지가 전기에너지로 전환된다. → 터빈발전기를 지나온 암모니아는 압축기로 이동하게 되고, 약 5℃ 정도의 심층수에 의해 액화된다. → 액화된 암모니아는 운동성이 적어지기 때문에 펌프를 이용하여 기화기로 이송시킨다. → 이후, 동일한 과정이 반복되면서 지속적인 발전이 이루어진다."

해양온도차발전은 바다의 수심에 따라 나타나는 표층수와 심층수의 온도차를 이용하기 때문에 영구적인 발전이 가능하다는 장점이 있다. 그러면서도 온실가스의 배출이 없다. 또한 발전을 하는 과정이 단순하여 발전소를 구축하는 데 소요되는 비용이 비교적 저렴하다는 장점이 있다. 그러나 이 발전을 위해서는 비등점(boiling point)이 낮은 암모니아와 같은 물질을 사용해야 하는데, 이러한 물질이 발전을 하는 과정에서 누출되면 환경오염으로 이어질 수 있다. 즉, 해양온도차발전은 환경오염의 위험이 있다는 문제를 가진다.

해양온도차발전(폐순환시스템 방식, [그림 5.9] 참고)이 가지는 문제를 해결하기 위하여 개방순환시스템과 혼합순환시스템 방식의 해양온도차발전을 개발하고 있지만, 이러한 방식들은 발전소를 구축하는 데 소요되는 비용이 상대적으로 크다는 단점이 있다.

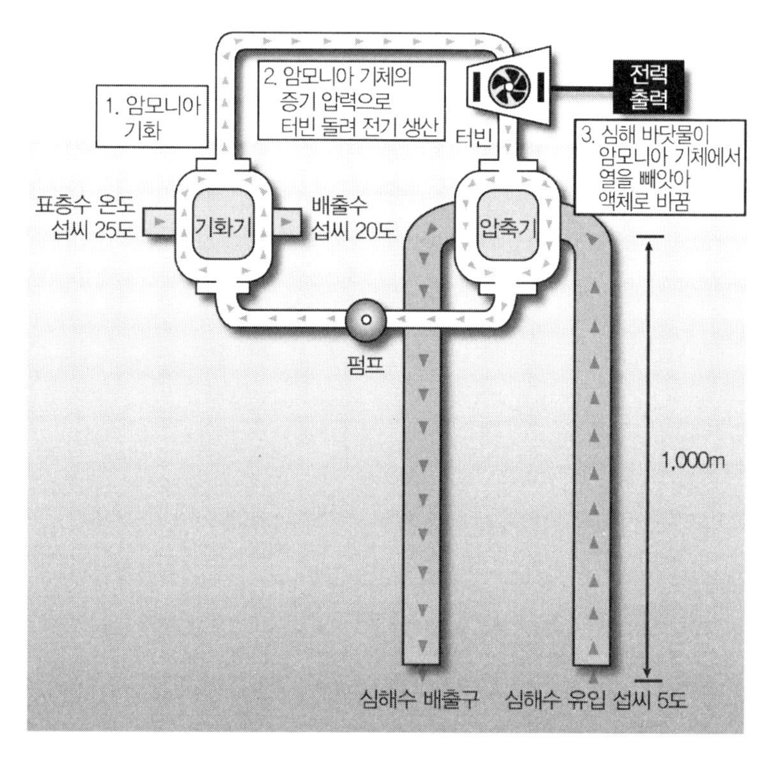

그림 5.9 해양온도차발전시스템의 구성 및 원리[91]

지열발전

지열발전은 지하 심층부의 열원(熱源)으로부터 얻어진 고온의 증기 또는 열수8)를 이용하여 전기를 생산하는 발전방식이다. 고온의 증기 또는 열수는 그 자체로 전기를 생산하지 못하지만, 전기를 생산하는 데 필요한 운동에너지 발생 에너지원으로 사용된다.

8) 열수(熱水)는 지하의 마그마가 식어서 여러 가지 광물 성분이 굳어서 나온 뒤 남은 수용액이다.[92]

과거의 지열발전은 기술적인 한계로 인하여 열수만을 이용하였기 때문에 발전이 가능한 지역이 매우 한정적이었다. '고온암체로서 열원이 있는 지역', '수리적 연결성과 투수성이 양호한 단열암체가 발달된 지역', '유동 가능한 열수가 부존된 지역'이라는 조건들이 모두 충족되는 곳이어야 열수를 얻을 수 있고, 그것을 이용하여야 지열발전을 할 수 있는데, 그러한 지역은 지각판 경계부의 화산지대 정도만이 해당된다. 그래서 과거의 지열발전은 발전이 가능한 지역이 매우 한정적이라는 문제를 가졌다. 그러나 현재는 과거보다 진보된 기술로 인하여 지열발전이 가능한 지역이 더욱 많아지고 있다. 즉, 지열발전을 위한 지역적 제약이 완화되고 있다. 지각판 경계부의 화산지대가 아닌 지역에서도 지열발전소를 건설하고 전기를 생산할 수 있기 때문이다. 현재의 지열발전은 열원을 이용하여 직접 고온의 증기를 만들고, 그것을 운동에너지 발생 에너지원으로 사용하고 있다.

지열발전소는 고온의 증기를 얻기 위한 주입정(Injection Well)과 채수정(Production Well), 발전기를 작동시키는 터빈(Turbine), 전기를 생산하는 발전기(Generator), 송전시설 등으로 구성된다([그림 5.10] 참고). 그리고 이 발전소는 다음의 원리로 전기를 생산한다. "물을 일정한 양과 수압으로 주입정에 주입한다. → 주입된 물은 열원에서 고온의 증기로 바뀌고, 그 증기는 채수정을 통하여 터빈으로 이동한다. → 증기의 압력에 의하여 터빈이 움직이고 발전기가 작동한다. → 발전기는 전기에너지를 생산한다. → 이후 송전시설 등에 의해서 그 전기가 사용자에게 공급된다."

지구는 크게 핵(내핵+외핵), 맨틀, 지각으로 구성되어 있고, 지각에서부터 중심인 핵으로 갈수록 점점 온도가 높아진다. 지구를 연구하는 연구자들이 말하고 있는 지구 내부의 온도, 즉 내핵과 외핵의 온도는 각각 6,600℃와 3,500℃ 정도이다. 지구는 행성으로서 삶을 다하는 날까지 이와 같은 내부구

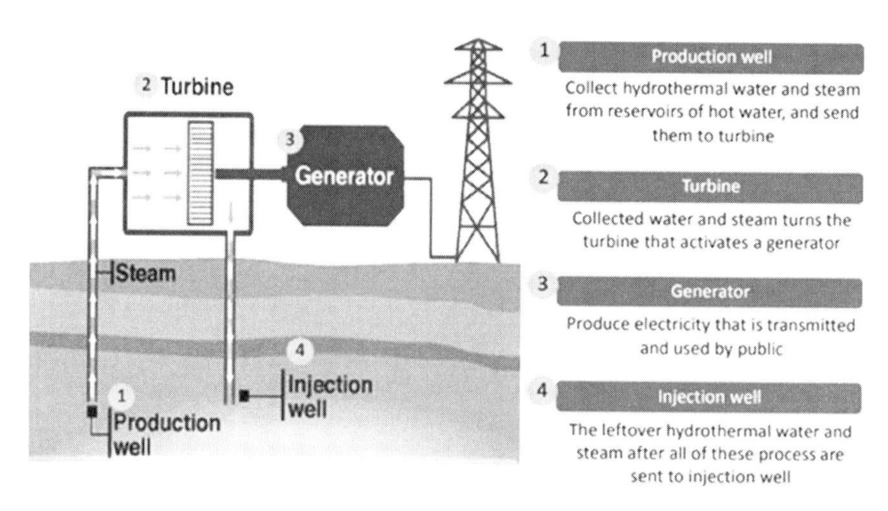

그림 5.10 지열발전소의 구성 및 원리[93]

조를 유지할 것이고 지열을 지속적으로 간직할 것이다. 그래서 지열발전은 인류가 온실가스나 환경오염물질들을 배출하지 않으면서 영구적으로 전기를 생산할 수 있는 친환경 발전방식이다. 하지만 이러한 장점에도 불구하고 지열발전은 예상치 못한 방식으로 우리에게 피해를 줄 수 있다는 문제를 가지고 있어 충분한 검증이 이루어진 이후 공급 및 보급이 이루어져야 한다.

지열발전은 간혹 지진이 발생하는 데 직·간접적인 요인을 제공하여 막대한 재산상의 피해를 입힘은 물론 우리의 생명까지 위협할 수 있다. 이러한 우려를 뒷받침할 만한 사례가 바로 2017년 11월 15일 한국의 포항 지역에서 발생한 진도 5.4 규모의 지진이다. 한국경제신문에서 2017년 11월 24일 보도한 기사를 보면, 포항 지역에서 운영된 지열발전소가 지진을 어떻게 유발하였는지에 대한 전문가들의 의견이 있다. 그 내용을 다음과 같이 옮겨본다.

"김광희 부산대 지질환경과학과 교수는 '지난해 9월 경주 지진 이후 이번 지진이 일어나기 전 포항 흥해읍에서 수많은 미소지진이 감지됐다'며 '본진에 앞서 지난 10일 설치한 지진계 8대로 관측한 결과에서 진앙과 지열발전소가 600m밖에 떨어져 있지 않다는 사실을 확인했다'고 말했다. 김 교수는 지열발전소 지하에 구멍을 뚫는 시추 과정에서 주입한 물이 지진의 방아쇠를 당긴 것으로 보인다고 했다. 그는 '지난해 1월부터 지난 9월까지 네 차례 지하에 물을 주입했는데, 그때마다 미소지진이 일어났다'며 '지열발전소와 지진의 관련성이 있다고 본다'고 덧붙였다. …(중략)… 이번 지진의 원인으로 지열발전소를 처음으로 지목한 이진한 고려대 지구환경과학과 교수는 '2011년 미국 오클라호마에서 일어난 규모 5.6 지진도 석유가스 생산을 위해 지하에 주입한 물이 원인이었다'며 '포항 지진(규모 5.4)도 지하자원 개발 과정에서 일어난 <유발지진>일 가능성이 크다'고 말했다."[94]

포항 지역에서의 지진이 지열발전으로 인하여 발생했다고 단정 지어 결론을 내리기는 다소 어려움이 있다. 그 지진이 발생하는 데 영향을 주었으리라 추정되는 다른 요인들도 있기 때문이다. 다음은 지열발전 외의 요인들을 제기하는 전문가들의 의견이다. 참고하면 포항 지역에서 2017년 11월 15일 발생한 지진이 매우 복잡한 원인을 가지고 있음을 이해하게 될 것이다.

"홍태경 연세대 지구시스템과학과 교수는 과도한 물 주입이 지진을 유발할 수 있지만 포항 지진은 경우가 다르다고 해석했다. 그는 '2011년 동일본 대지진 영향으로 울릉도는 5cm, 백령도는 2cm씩 일본 쪽으로 끌려가면서 지진파 속도가 떨어지는 등 한반도 지각 전체 강도가 약해졌다'며 '경주 지진과 포항 지진도 한반도 지각의 힘이 재배치되면서 일어난 결과'라고 분석했다. …(중략)… 강태섭 부경대 지구환경과학과 교수도 '물 주입 후 지진이 일어난 시점이나 1,000분의 1 수준인 물 주입량만으로는 지열발전소로 보기엔 의문이 든다'고 말했다."[94]

모든 지열발전은 지진을 유발한다고 단정할 수 없다. 그러나 그 가능성을 전혀 배제할 수도 없다. 그렇기 때문에 지열발전소를 건설하고 운영하기 위해서는 지진 발생 가능성에 대한 정확한 예측과 그 외의 위험들에 대한 진단이 반드시 선행되어야 하고, 그 지역민들에게서 협조와 동의를 구해야만 한다. 특히, 2017년 11월 15일 포항 지역에서의 지진 발생 이후 전 국민들이 "지열발전이 정말 안전한가?"라는 의문과 지열발전에 대한 공포심을 가지게 됨에 따라 한국 정부는 지열발전의 건설 및 운영을 향후 추진함에 있어서 '공청회'와 '지역민의 협조 및 동의' 등을 거치는 실질적인 사회적 합의를 반드시 선행해야 한다는 부담(혹은 의무)을 지게 되었다. 이것은 나쁜 문제라고 말할 수 없겠지만, 오랜 시간이 소요되고 적지 않은 사회/정치적 비용이 발생된다는 점에서 지열발전의 공급 및 보급을 어렵게 하는 문제라고 말할 수 있다.

폐기물에너지

현재 전 세계적으로 많은 양의 자원들이 사용되고 있다. 그리고 그 자원들은 활용가치가 낮아지거나 없어지면 폐기물로 버려지고 있다. 폐기물은 산업이 발달되고 경제가 성장할수록 점점 많아진다. 그 이유는 폐기물이 인간 활동으로 인해 발생하기 때문이다.

폐기물은 지금까지 해양에 투기되거나 혹은 땅에 매립되거나 혹은 소각되어 처리되었다. 그러나 이러한 처리방법들은 해양과 토양을 오염시켜 그곳에 사는 생명체들을 병들게 하거나 죽게 하였고, 대기를 오염시켜 인간들의 생명을 직접적으로 위협하였다. 그래서 사람들은 자원을 적게 사용하면서도 최대한 효율적으로 이용할 수 있는 방법들을 고민하기 시작하였고, 또 발생하는 폐기물을 재사용하거나 재활용하기 위한 방법들을 고민하기 시작하였다. 폐기물에너지는 그 고민들에 대한 결과물 중 하나이다.

폐기물에너지는 폐기물(특히, 가연성 폐기물)을 에너지원의 원료로 사용하여 생산한 전기에너지이다.[9] 폐기물에너지를 생산하기 위한 발전방식은 화력발전과 매우 유사하다. 그래서 폐기물에너지를 생산하는 발전소도 화력발전소와 매우 유사하다. 단지, 그것들은 에너지원으로 사용되는 물질과 그 에너지원이 주입되고 연소되는 장치들이 다르다는 차이만이 있을 뿐이다.

폐기물에너지는 기본적으로 다음과 같은 장점들이 있다. 첫째, 발전을 하는 데 필요한 에너지원의 원료를 값싸게 또 지속적으로 공급받을 수 있다. 인간들에 의해 사용되어진 후 버려지고, 인간들이 생활과 산업활동을 계속하는 동안 꾸준히 발생할 수밖에 없는 것이 바로 원료로서 폐기물이기 때문이다.[10] 둘째, 온실가스의 배출이 화석연료에 비해 적다. 폐기물의 성분에 따라 차이는 있지만, 화석연료보다 많은 온실가스를 배출하는 에너지원(폐기물 연료)을 만들어서 발전에 사용하지는 않기 때문이다. 셋째, 땅에 매립하거나 해양에 투기하는 폐기물을 줄일 수 있다. 바로 그 폐기물을 에너지원의 원료로 사용하기 때문이다.

성형고체연료발전과 매립지가스발전 등은 폐기물을 에너지원의 원료로 사용하여 전기를 생산하는 대표적인 발전방식들이다. 이 발전방식들은 폐기물을 에너지원의 원료로 사용한다는 공통점이 있지만, 각기 다른 원리가 적용되고 또 각기 다른 장·단점이 있다.

---

9) 폐기물을 재활용하여 얻은 열에너지도 폐기물에너지의 범주에 속한다. 그러나 여기서는 폐기물에너지의 의미를 전기에너지로 국한하도록 하겠다.

10) 폐기물이 지속적으로 발생한다는 것은 분명히 장점이 아니다. 그렇지만 "폐기물은 연료다."라는 관점으로 바라보면, 폐기물이 지속적으로 발생한다는 것은 연료가 지속적으로 확보된다는 의미로 받아들여지기 때문에 '장점'이라고 말하더라도 틀리지 않다.

성형고체연료발전은 폐목재, 생활쓰레기, 폐플라스틱 등을 에너지원으로 만들어서 열병합발전설비를 가동시키고 전기를 생산하는 발전방식이다. 성형고체연료는 원료로 사용되는 폐기물의 종류에 따라서 고형폐기물연료(Solid Refuse Fuel, 이하 'SRF'), 생활쓰레기고형연료(Refuse Derived Fuel, 이하 'RDF'), 폐플라스틱고형연료(Refuse Plastic Fuel, 이하 'RPF'), 폐타이어고형연료(Tire Derived Fuel, 이하 'TDF'), 폐목재고형연료(Wood Chip Fuel, 이하 'WCF') 등으로 구분된다. 각각의 성형고체연료는 각기 다른 발열량을 가지며, 각기 다른 환경오염물질을 배출한다.

성형고체연료발전소는 성형고체연료를 저장 및 주입하는 장치, 연소를 하여 물을 기화시키는 보일러, 운동에너지를 전기에너지로 전환시키는 터빈발전기, 물을 공급하고 순환시키는 장치, 송전시설 등으로 구성된다([그림 5.11] 참고). 그리고 이 발전소는 다음과 같은 원리로 전기를 생산한다. "폐기물로 제조한 성형고체연료를 연소시킨다. → 열에너지에 의하여 물은 수증기로 변한다. → 수증기는 터빈을 가동시킨다. → 터빈이 가동되면서 발전기가 작동되고, 운동에너지는 전기에너지로 전환된다. 즉, 전기가 생산된다."

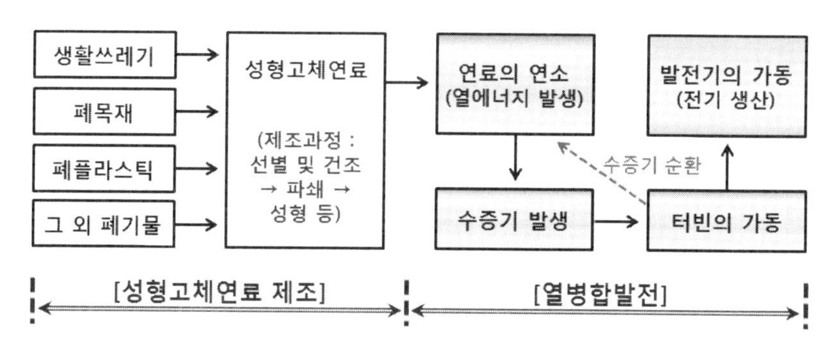

그림 5.11 성형고체연료의 제조, 그리고 열병합발전

성형고체연료발전은 폐기물을 에너지원의 원료로 재활용한다는 점에서 ‘폐기물의 청정 처리’와 ‘화석연료 사용의 저감’이라는 장점이 있지만, 성형고체연료를 제조하고 그 발전소를 운영하는 과정에서 몇몇 문제들이 있어 무조건적인 공급 및 보급은 곰곰이 고민을 해봐야 한다.

첫째, 경제성 문제이다. 성형고체연료는 원료를 확보하는 데 소요되는 비용이 거의 없다는 장점이 있다. 그러나 원료로서 공급받는 폐기물에는 가연성 폐기물뿐만 아니라 유리, 금속, 수분 등의 비가연성 폐기물도 상당량 혼재되어 있어 선별 및 가공 처리가 반드시 필요하다. 그렇기 때문에 폐기물 확보에 소요되는 비용은 거의 없지만, 성형고체연료로 만들어지는 과정에서 소요되는 비용이 적지 않다. 따라서 “성형고체연료발전은 경제성이 있는 발전방식이다.”라고 성급하게 판단하기에는 무리가 있다.

둘째, 환경문제이다. 성형고체연료는 연소를 하는 과정에서 대기오염물질들을 배출한다. 홍성신문에서 2014년 4월 30일에 보도한 기사를 보면, 성형고체연료가 화석연료의 하나인 액화천연가스(Liquefied Natural Gas, 이하 ‘LNG’)보다 상당히 많은 대기오염물질들을 배출하고 있음을 확인할 수 있다. 그 내용을 다음과 같이 인용한다. “LNG는 $kg/10^3m^3$당 황산화물(SO_x) 0.01, 질소산화물(NO_x) 3.70, 먼지 0.03으로 나타났다. 반면 내포 집단에너지시설 환경영향평가 초안에 게시된 RPF의 황과 회분 함량에 따라 계산한 내포 집단에너지시설의 대기오염물질 배출 계수는 kg/ton당 황산화물(SO_x) 0.78, 질소산화물(NO_x) 5.83, 먼지 39.45로 나타났다.”[95] 결국, 성형고체연료발전은 화석연료의 사용은 줄일 수 있을지 몰라도 친환경·무공해 발전방식은 아닌 셈이다. 따라서 대기오염물질들을 대기 중으로 배출하지 않도록 하기 위하여 고성능의 환경오염방지시설을 갖추고 운영해야 하기 때문에 성형고체연료발전은 적지 않은 비용이 추가적으로 발생할 수밖에 없다.

매립지가스발전은 매립지에 매립된 유기성 폐기물이 분해되는 과정에서 발생하는 메탄을 에너지원으로 사용하여 전기를 생산하는 발전방식이다. 매립지가스발전소는 메탄을 얻는 가스추출정, 메탄 외의 부수물질들을 거르는 여과장치, 연소를 하여 물을 기화시키는 보일러, 운동에너지를 전기에너지로 전환시키는 터빈발전기, 물을 공급하고 순환시키는 장치, 송전시설 등으로 구성된다([그림 5.12] 참고). 그리고 이 발전소는 다음과 같은 원리로 전기를 생산한다. "매립지에서 추출한 메탄을 연소시킨다. → 열에너지에 의하여 물은 수증기가 된다. 즉, 기화된다. → 수증기는 터빈을 가동시켜 운동에너지를 발생시킨다. → 운동에너지는 발전기에서 전기에너지로 전환된다." 이처럼 매립지가스발전소는 에너지원이 매립지가스인 메탄이라는 점을 제외하고는 그 구성 및 원리가 성형고체연료발전소와 거의 동일하다.

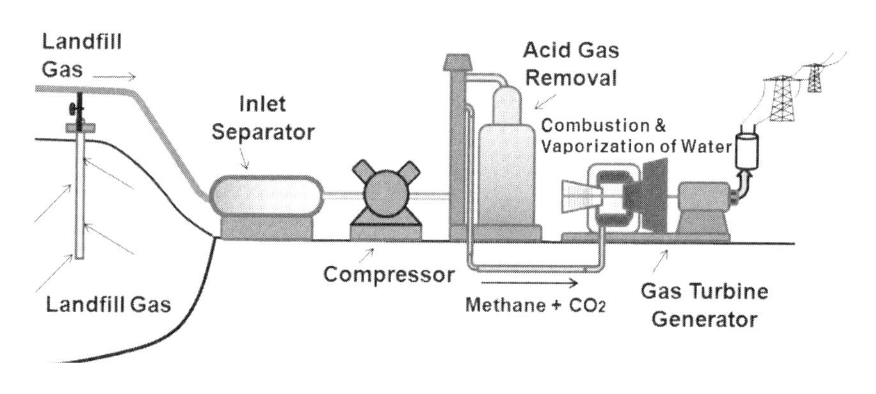

그림 5.12 매립지가스발전소의 구성 및 원리[96]

매립지가스발전은 성형고체연료발전보다 큰 관심을 받고 있다. 첫 번째 이유는 대기오염물질들의 배출이 매우 적다는 장점 때문이다. 매립지가스인 메탄은 유기성 폐기물이 부패를 하는 과정에서 얻어지지만 그 성분은 LNG의 주성분과 동일하다. 그렇기 때문에 매립지가스는 연소 과정에서 질소산화물과 미세먼지 등의 대기오염물질들을 발생시키지만, 그 양이 성형고체연료는 물론 화석연료들의 연소 과정에서 발생되는 대기오염물질들의 양보다 현저히 적다. 두 번째 이유는 매립지가스인 메탄을 소요되는 비용이 거의 없이 얻을 수 있다는 장점 때문이다. 매립지가스인 메탄은 음식물 쓰레기와 같은 유기성 폐기물이 매립된 상태로 부패가 진행되는 과정에서 혐기성세균에 의해 만들어진다. 즉, 매립지가스는 유기성 폐기물이 매립된 이후 자연적으로 얻어지는 에너지원이다.

그러나 매립지가스발전도 '경제성 문제'와 '환경오염의 문제'가 있다. 분명히 바로 앞에서는 매립지가스발전에 필요한 에너지원을 확보하는 데 소요되는 비용이 거의 없고, 대기오염물질들이 매우 적게 발생한다는 장점들이 있다고 하였다. 그런데 왜, 매립지가스발전은 경제성 문제와 환경오염의 문제를 가진다고 하는 것일까? 이 물음에 답하기 위하여 [그림 5.13]을 보도록 하자. 매립지가스 자원화 시설은 악취가 지상으로 새어나가지 못하도록 차단층이 만들어져 있고, 침출수가 수원(水源) 또는 매립지 외의 지역으로 유입되거나 확산되지 못하도록 침출수처리장과 차수벽이 설치되어 있는 등 단순하지 않은 구조로 이루어져 있다. 또한 여러 식생들로 매립지 전 지역이 조경되어 있다. 따라서 매립지가스 자원화 시설, 즉 매립지는 상당한 비용이 소요되어 조성될 수밖에 없음을 짐작할 수 있다.

매립지가스인 메탄은 연소 시 대기오염물질들의 발생이 확연히 적다는 사실은 의심의 여지가 없다. 그럼에도 불구하고 매립지가스발전이 환경오염의 문제로부터 자유로울 수 없는 이유는 매립지가스인 메탄이 만들어지는 매립된 유기성 폐기물 때문이다. 그렇다면 매립된 유기성 폐기물이 매립지가스를 생성하는 과정에서 어떠한 환경오염을 유발하는지 살펴보도록 하자. 첫째,

악취의 발생이다. 매립된 유기성 폐기물은 혐기성세균에 의해 부패되면서 메탄과 몇몇 가스들을 발생시킨다. 그런데 이때 메탄과 몇몇 가스들이 지니는 고유한 냄새들로 인하여 악취가 나게 된다. 악취는 우리에게 좋지 못한 냄새로서, 구토와 두통, 후각 감퇴, 정신적 스트레스 등을 유발하는 환경오염물질이다. 둘째, 침출수의 발생 및 확산이다. 매립된 유기성 폐기물은 지하수에 노출될 가능성이 항상 존재한다. 지하수는 지상으로 내린 강수의 일부가 지하로 침투하여 지층이나 암석 사이의 빈틈을 채우고 있거나 흐르는 물이다. 그렇기 때문에 유기성 폐기물을 지하수가 있는 곳에 매립하지 않았다 하더라도 강수가 유기성 폐기물이 매립된 곳으로 스며들어 침출수가 발생하고 확산될 가능성이 있다.

악취와 침출수의 발생은 심각한 환경오염이다. 그렇기 때문에 그것들이 발생하지 않도록 하기 위하여 유기성 폐기물이 매립된 곳의 표층과 심층에 여러 기능성 구조물들을 설치하고, 매립지의 경계부에 침출수처리장과 차수벽을 설치하고 있다. 또한 정서적인 황폐함과 나쁜 경관이라는 문제들을 해결하기 위하여 매립지의 녹지화 및 공원화 사업을 진행하고도 있다. 결국, 매립지가스발전은 에너지원을 확보하기 위해서 소요되는 비용은 적지만 그 외적으로 소요되는 비용이 적지 않은 셈이다. 이 뿐만 아니라 매립지가스발전은 사람들에게 일종의 혐오시설로 인식되고 있어 그 장소를 선정하는 데 어려움이 있고, 지역 사회의 합의를 필요로 하기 때문에 많은 사회적 비용이 소요될 수 있다.

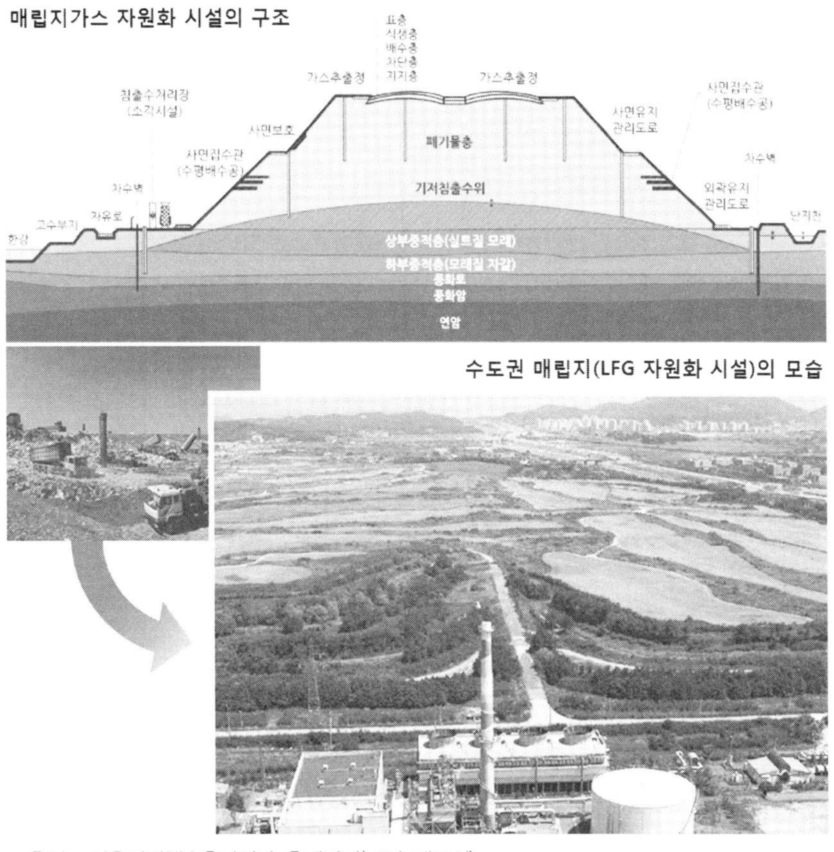

※출처 : 서울시정책수출사업단 홈페이지(그림 재구성)

그림 5.13 매립지가스 자원화 시설[97]

수소에너지

수소는 석유나 석탄 등의 화석연료를 대체하여 전기를 생산할 수 있는 대체에너지원으로서 전 세계로부터 주목을 받고 있다. 그 이유는 지구 표면의 약 70% 정도를 바다가 차지하고 있어 수소를 생산하는 데 사용되는 물이 인류가 필요로 하는 양만큼 많이 존재하기 때문이고, 또 수소가 에너지원으로 사용되는 과정에서 에너지와 물만이 발생될 뿐 온실가스나 환경오염물질들이 전혀 발생되지 않기 때문이다.

수소는 주기율표의 가장 첫 번째(1족 1주기)에 위치해 있는 화학 원소로서, 원소기호 'H'로 표기되고 원자번호 '1'을 가진다. 수소는 '물의 재료'라는 의미를 가진 독일어 Wasserstoff로부터 그 이름이 유래되었다. 수소의 영어 표기인 Hydrogen 역시 '물을 만든다'라는 의미를 가진다. 이러한 어원들로부터 충분히 유추할 수 있듯이, 수소는 산소와 결합하여 물을 만든다.[98]

수소는 불에 매우 민감한 가연성 물질이고, 산소와 반응하여 물을 생성할 때 연소열을 방출한다. 수소와 산소의 반응식은 다음과 같다.

$$2H_{2\ gas} + O_{2\ gas} \rightarrow 2H_2O_{\ liquid} + 572kJ\ (286kJ/mol)$$ [99]

수소로부터 얻을 수 있는 에너지, 즉 수소에너지는 산소와 반응 시 발생되는 '연소열'과 촉매 반응 등을 통하여 수소로부터 분리된 '전자의 흐름'이다. 연소열을 이용하는 발전방식은 열병합발전시스템의 추가적인 설치가 필요하기 때문에 많은 비용이 발생하고, 그 발전효율이 높지 않다. 그러나 수소로부터 분리된 전자의 흐름을 이용하는 발전방식, 즉 수소연료전지발전은 화학에너지가 바로 전기에너지로 전환되기 때문에 에너지의 손실이 거의 없고, 발전효율이 높다. 또한 그 발전소의 구성이 복잡하지 않으며 발전소를 짓기 위해 필요로 하는 공간이 크지 않다. 따라서 수소로부터 분리된 전자의 흐름을 이용하는 수소연료전지발전이 선호되고 있다.

수소연료전지발전은 수소를 반응물질로 사용하는 연료전지, 즉 수소연료전지를 이용하여 전기를 생산하는 발전방식이다. 수소연료전지는 -극(Anode)과 +극(Cathode), 촉매(Catalyst), 멤브레인(Membrane), 전해액(Electrolyte), 수소, 산소 등으로 구성된다([그림 5.14] 참고). 그리고 다음과 같은 원리로 전기를 생산한다. "Anode의 주입부로 수소가 주입된다. → 수소는 촉매에 의해서 산화되어 전자들을 내어 놓는다. 이 반응의 화학식은 다음과 같다. '$2H_{2\ gas} \Rightarrow 4H^{+} + 4e^{-}$' → 전자들은 전기에너지를 발생시킨다. → 전자들을 방출한 수소 양이온들은 멤브레인과 전해액을 통과하여 Cathode로 이동한다. → Cathode의 주입부로 산소가 포함된 공기가 주입된다. → 주입된 산소는 이동해온 전자들 그리고 수소 양이온들과 함께 화학반응을 하여 물을 생성한다. 이 반응의 화학식은 다음과 같다. '$O_{2\ gas} + 4e^{-} + 4H^{+} \Rightarrow 2H_2O_{\ liquid}$' 이때, 화학반응은 발열반응으로 열이 함께 발생한다."

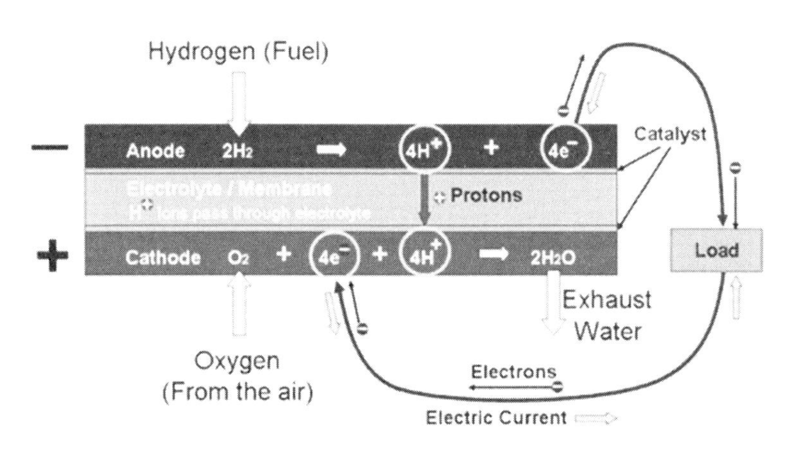

그림 5.14 수소연료전지의 구성 및 원리[100]

[그림 5.15]는 한국의 포스코에너지(주)에서 제작한 2.5MW 규모의 수소연료전지발전시스템이다. 수소연료전지발전시스템은 수소연료전지의 구성과

원리를 적용하고 있기 때문에 그 구성과 원리가 동일하다. 다만, 그 크기가 낱개의 수소연료전지보다 크기 때문에 여러 장치 및 시스템들이 추가된다. 우리가 사용하기 적합한 형태로 전기를 변환해주는 변환장치(EBOP), 송·수전반, 안전성이 고려된 대용량의 연료공급기(MBOP), 발생되는 많은 양의 열에너지를 지역난방에 사용하도록 하는 시스템, 많은 개수의 수소연료전지가 안전하게 보관되고 작동될 수 있도록 하는 연료전지 적층부(Stack) 등이 바로 그것들에 해당한다.

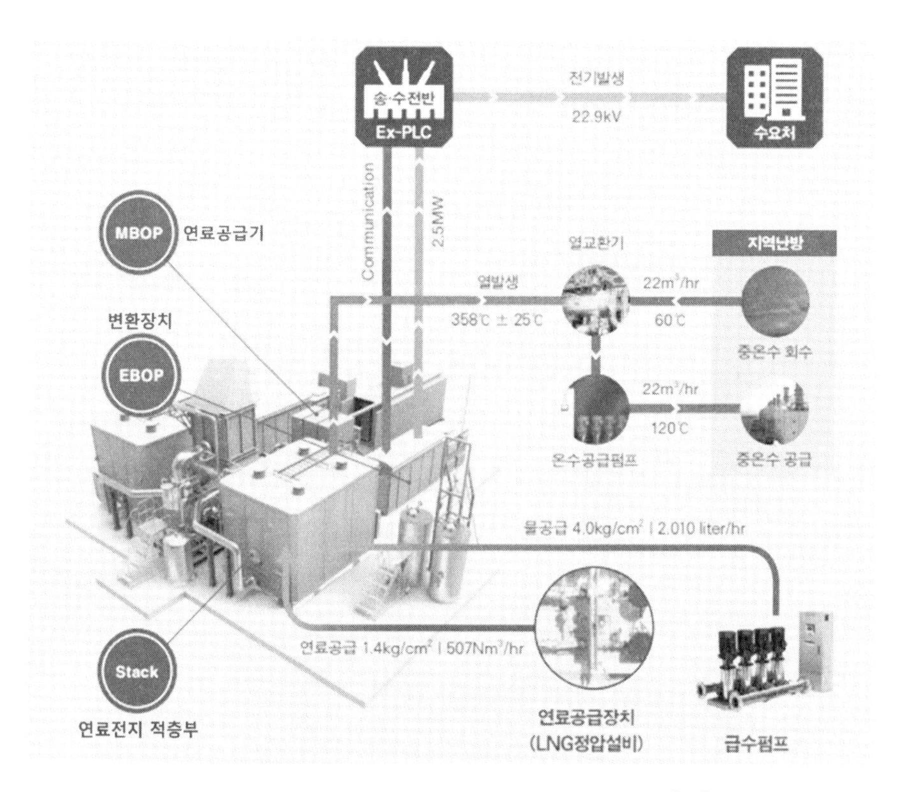

그림 5.15 2.5MW 규모의 수소연료전지발전시스템[101]

수소연료전지발전은 다음과 같은 장점들이 있다. 첫째, 친환경 발전방식이다. 질소산화물과 황산화물, 미세먼지 등의 환경오염물질들을 배출하지 않고, 온실가스의 배출도 거의 없다. 게다가 발전을 하는 과정에서 소음이 거의 발생하지 않는다. 둘째, 발전효율이 높다. 타 발전방식들은 여러 단계의 에너지 전환 과정을 거치는 반면 수소연료전지발전은 화학에너지에서 전기에너지로 바로 전환되기 때문에 발생되는 손실이 최소화되어 발전효율이 높다. 셋째, 운용안정성이다. 수소연료전지발전은 자연환경에 따른 운용 제약이 거의 없어 하루 24시간, 1년 365일 발전이 가능하다. 현장에서는 약 90% 이상의 가동률을 나타내고 있는 것으로 보고되고 있다. 넷째, 장소에 대한 제약이 거의 없다. 전기가 필요한 곳에 직접 발전시스템(발전소)의 건설이 가능함에 따라 송전시설 등의 설치가 필요 없고 소요되는 비용이 적다. 다섯째, 공간효율성이 높고, 전기의 생산뿐만 아니라 열에너지도 생산한다. [그림 5.15]의 수소연료전지발전시스템은 설치에 필요한 면적이 500m^2(150평) 정도로 타 발전시스템들에 비해 상당히 작지만, 약 3,200여 가구가 이용할 수 있는 전기를 생산한다. 또한 이 발전시스템은 열에너지도 함께 생산하는데, 그 열에너지의 양은 무려 1,000여 가구에게 지역난방을 공급할 수 있는 정도이다.[101]

수소연료전지발전은 이와 같은 장점들을 가짐에도 불구하고 아직 몇몇 중요한 문제들이 해결되지 못하여 널리 보급되고 활용되는 데 어려움이 있다. 그 문제들은 다음과 같다. 첫째, 경제성을 갖추지 못한 수소의 생산이다. 수소는 자연계에서 대부분 물, 천연가스, 석유 등의 화합물 상태로 존재한다. 그래서 그 화합물들에 수증기 변성(Steam Reforming)이나 부분 산화(Partial Oxidation) 또는 전기분해(Electrolysis) 등의 물리·화학적 방법들을 활용하여 수소를 생산해야 한다([그림 5.16] 참고). 그러나 이러한 방법들은 공통적으로 높은 수준의 기술이 필요하고 많은 양의 에너지가 소모된다는 등의 이유

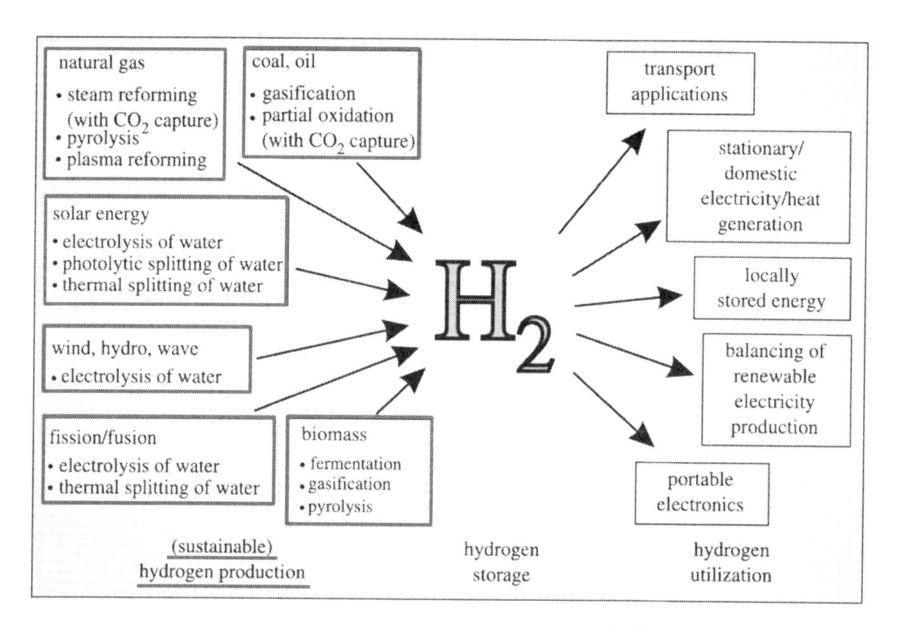

그림 5.16 다양한 수소의 생산과 쓰임[102]

들로 인하여 현재까지 경제성을 가지지 못하고 있다. 둘째, 수소 저장의 문제이다. 수소는 매우 안전하게 만들어진 내압용기에 압축기체로 저장하거나, 백금 등의 금속류에 저장할 수 있다. 내압용기에 수소를 압축기체로 저장하기 위해서는 매우 안전한 내압용기를 만들 수 있는 기술의 확보가 선행되어야 하는데, 그 이유는 수소가 폭발 및 인화의 가능성이 매우 높은 물질이어서 외부로부터의 강한 충격이나 노후화, 고압을 견디지 못함으로 인한 수소의 누출이 발생하지 않도록 해야 하기 때문이다. 그리고 수소를 저장하는 내압용기가 매우 튼튼하여 안전하다는 인식을 우리에게 심어줘야 하기 때문이다. 사실, 현재까지 우리에게 대량의 수소를 저장하고 보관하는 시설은 "매우 위험하다"고 인식되고 있다.11) 백금 등의 금속류에 수소를 저장하는 방법은 안전성 문제로부터 비교적 자유롭다는 장점이 있지만, 경제성을 갖추기 어렵다는 문제가 있다. 왜냐하면 이들 금속류는 귀금속 또는 희소금속으로서 그 가격이 매우 비싸기 때문이다.

그 외

수력발전은 물의 힘(水力)을 이용하여 전기를 생산하는 발전방식이다. 여기서 물의 힘이란 물의 낙차에 의한 위치에너지를 말한다. 수력발전은 화석연료나 다른 연료들을 에너지원으로 사용하지 않고 순수하게 물의 힘으로 발전을 하기 때문에 온실가스와 환경오염물질들을 전혀 배출하지 않는다. 그래서 우리는 수력발전을 친환경·무공해 발전방식으로 인식한다. 게다가 블랙아웃(Blackout)12) 상황이 발생했을 때, 즉각적으로 전력을 공급하여 대응할 수 있는 '3분 대기조'로서의 역할을 하고, 건설된 댐으로 상당량의 용수(用水)13)를 담을 수 있어 수자원 관리 역할을 하는 등 유익하고 장점이 많은 발전방식으로 우리에게 알려져 있다.

수력발전소는 많은 양의 물을 담을 수 있는 댐14), 이물질들을 거르는 스크

11) 정확히 기억이 나지는 않지만, 내 기억을 더듬어 보면 대략 중·고등학교 시절의 일이었던 것 같다. 당시 나의 동네에 LPG충전소가 들어선다는 말이 돌기 시작했었다. 나의 부모님을 비롯하여 동네에 사시던 분들 대부분은 "LPG는 폭발하는 물질이 아니냐? 너무 위험한 시설이 우리 동네에 들어서는 것이 아니냐?"라며, 그 시설의 건립에 반대하는 목소리를 냈었다. 하물며 수소는 LPG보다 더욱 반응성이 높은 물질이라고 우리에게 익히 알려져 있다. 우리에게 "수소저장시설은 안전하다"는 인식을 심어주지 못한다면, 그 시설은 지역의 주민들에게 용인되기 어려울 수밖에 없을 것이다.

12) 전기가 부족해 갑자기 모든 전력 시스템이 정지한 상태를 말한다.[103]

13) 민물 또는 담수라 불리는 물이다.

14) 수력발전을 위한 댐은 물을 이용하여 위치에너지를 발생시켜야 하기 때문에 해발고도가 높은 위치에 건설된다.

린, 물이 이동하는 수로, 수량을 조절하는 각종 밸브들, 수차발전기, 전압을 바꾸어주는 변압기 등으로 구성된다([그림 5.17] 참고). 그리고 이 발전소는 다음의 원리로 전기를 생산한다. "댐에 저장된 높은 위치의 물이 낮은 위치로 방류된다. 이때 물에 포함된 이물질들은 스크린에 의해서 걸러지고, 수량은 각종 밸브들에 의해서 조절된다. → 물의 힘, 즉 위치에너지로 인하여 수차발전기가 작동하고 전기에너지가 발생된다. → 변압기와 송전시설 등을 통하여 전기는 사용자에게 사용하기 적합한 형태로 변환되어 공급된다."

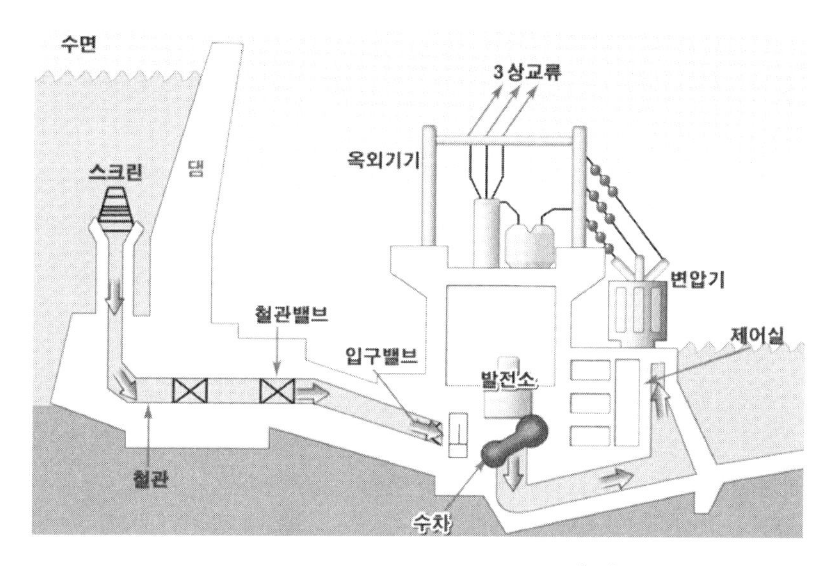

그림 5.17 수력발전소의 구성 및 원리[104]

미국과 유럽연합(European Union, 이하 'EU') 등 선진국들은 수력발전을 더 이상 선호하지 않거나, 그 발전소를 증설하지 않는다. 실제로 이러한 현상은 언론매체에서 다음과 같은 내용으로 보도된 바 있다. "지난해(2005년) 전 세계에서 수력발전에 의한 에너지는 6억 6,870TOE(Tonnes of Oil Equivalent)

가 생산돼 전년대비 4.2%가 증가했다. 그러나 국가별로는 유럽과 OECD 소속 국가의 경우 감소하거나 증가율이 소폭에 그쳤으며 브라질, 중국, 파키스탄 등 개발도상국가의 발전량은 크게 늘어난 것으로 집계됐다."[105]

선진국들이 수력발전을 더 이상 선호하지 않는 또 수력발전소를 증설하지 않는 주된 이유는 바로 미처 예상하지 못했던 환경문제의 발생 때문이다. 몇몇 언론매체들은 수력발전소가 어떠한 환경문제를 발생시키는지에 대해서 보도를 이미 몇 차례 한 바 있다. 그 내용들을 일부 옮겨보도록 하겠다.

"넨스크라댐 예정지 하류 하이쉬 지역 초등학교 교장선생인 나토 수바리(Nato Subari·55) 씨는 '앵구리댐 건설 이전에는 아침에 빨래를 널어놓으면 오전에 바로 말랐다. 그런데 댐 건설 이후에는 오후가 돼야 마른다.'라고 말했다. 앵구리댐 건설 이후 관절 부위 이상과 천식 등 기관지 계통 이상을 호소하는 주민이 증가했다고도 말했다. …(중략)… 수바리 교장선생은 '1990년에 원로 지질학자가 스바네티 지역 지질이 홍수에 취약하다는 연구를 밝혔는데, 앵구리댐으로 상류 지역 습도가 증가해 지질층이 더 약해졌다는 조사도 있었다.'고 전했다. 실제로 2009년 인근 지역에서 산사태로 교량이 유실되는 사고가 있었다고 한다. …(중략)… 나크라댐 예정지 하류 5km 부근에 있는 나크라 마을 대표 기오르기 싱델리아니(Giogi Tsindeliani·45) 씨는 '댐이 들어서면 원래 유량의 15% 수준만 흐르게 되는데, 주민들이 보조 식량으로 잡는 물고기 서식에 문제가 있을 수밖에 없다'며 '강물이 사라지면 (자연의) 균형이 약해져 마을에 피해가 생길 것'이라 우려했다. 이 마을은 나크라강 옆에서 천연 탄산수가 나오는데, 댐 건설로 물량이 줄면 이 역시 감소하게 될 것으로 예상된다. 차가운 강물은 흐르면서 주변 습도를 조절해 주는데, 넨스크라댐과 나크라댐으로 물량이 감소하면 이런 기능 역시 상실되거나 현저히 감소할 수밖에 없을 것으로 보인다."[106]

“싼샤댐 건설위원회 왕 샤오펭 국장은 26일(2007년 9월) 중국 관영매체와의 인터뷰에서 ‘싼샤댐 유역에서 산사태, 퇴적물 침착, 토사 유실 등 광범한 환경재해가 발생하고 있다’며 ‘중국이 단기적 경제성장과 환경파괴를 맞바꿀 수는 없다’고 경고했다. …(중략)… 싼샤댐 완공 후 양쯔강 상류의 유속은 크게 느려졌고 이에 따라 흙탕물이 강바닥에 쌓이고 있다. 최근 중국 당국과 접촉한 <수에즈 환경>의 장 루이 쇼사드 대표는 ‘양쯔강 일부에서 퇴적물 누적으로 화물선이 통행에 어려움을 겪고 있어 댐 건설 당시 선전한 간선 수송 수단으로서의 기능 또한 위협받고 있다’고 지적했다.”[107]

대규모의 댐을 건설하여 운용하는 수력발전소는 지역에 짙은 안개를 발생시켜 사람들과 가축들의 건강을 해치고, 수질을 악화시키며, 댐 주변의 생태계를 변화시키는 등의 환경문제를 일으킨다. 그래서 상당수의 지역민들이 수력발전소의 건설을 반대하고, 이러한 반대로 인하여 수력발전소를 건설하기 위한 장소 선정이 매우 어렵다. 설령 그 장소를 선정하였다 하더라도 지역민들과의 합의 그리고 지역민들에 대한 보상을 위해서 많은 사회적 비용이 소요된다. 따라서 수력발전은 선진국들을 중심으로 더 이상 선호되고 있지 않다.

바이오매스발전은 식물이나 미생물 등으로부터 얻어지는 에너지원을 이용하여 전기를 생산하는 발전방식이다. 바이오매스발전은 에너지원으로 바이오매스를 사용한다는 점을 제외하고는 열병합발전을 적용하고 있다는 점에서 화력발전과 그 원리가 같다. 그리고 바이오매스발전소의 구성 역시 화력발전소의 구성과 매우 유사하다([그림 5.11]의 ‘열병합발전’과 [그림 5.18] 참고).

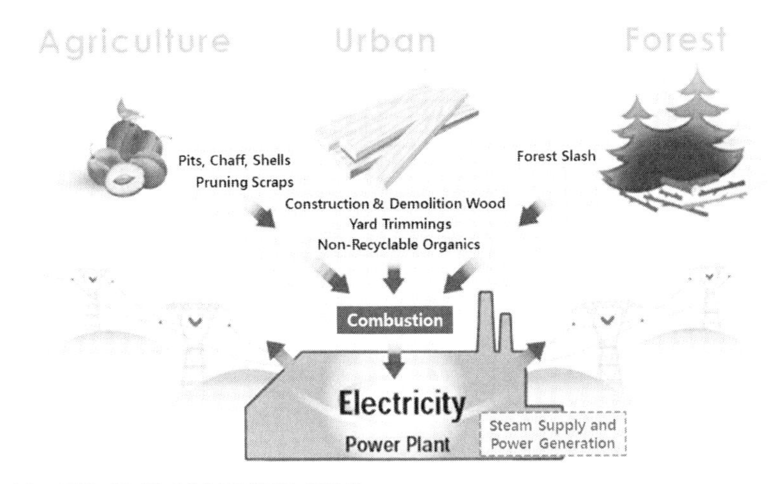

※본 그림은 원본을 부분 편집하여 인용함.

그림 5.18 바이오매스발전의 개념[108]

바이오매스발전은 우리가 배출하지 말아야 하는 이산화탄소를 배출한다. 그럼에도 불구하고 바이오매스발전은 기후변화를 적극적으로 대응하는 하나의 방법, 즉 이산화탄소의 배출을 증가시키지 않는 방법으로 취급되고 있다. 그 이유는 바로 지구의 탄소순환에서 바이오매스를 만들기 위해 사용되는 식물이나 미생물 등의 역할 때문이다. [그림 5.19]를 보자. 우리가 에너지원으로 사용하는 바이오매스 에탄올(Ethanol)은 옥수수나 호밀, 볏짚 등의 식물로부터 글루코오스(Glucose)를 추출하여 발효 등의 화학적 제조공정을 거친 이후 최종생산물로 만들어진다. 그런데 이 에탄올은 발전소나 자동차 등의 에너지원으로, 즉 연료로 사용되면서 이산화탄소를 배출하는데, 이 배출되는 이산화탄소는 식물의 광합성에 의해서 처리된다. 뿐만 아니라, 이 배출되는 이산화탄소는 이미 바이오매스 에탄올의 원료인 식물이 생전에 광합성을 하여 흡수 및 저장했던 것이기도 하다. 결과적으로 바이오매스를 에너지원으로 이용 시 배출되는 이산화탄소는 원래 식물에게 있었던 것이고, 다시 식물에게 흡수 및 저장[15)]됨에 따라 대기 중에 잔류하는 이산화탄소의 총량은 계산상 '0'이 된다. 그래서 많은 국가들은 현재의 내연기관을 그대로 사용하면서 이산화탄소를 추가 배출하지 않는 바이오매스발전을 선호하고 있다.

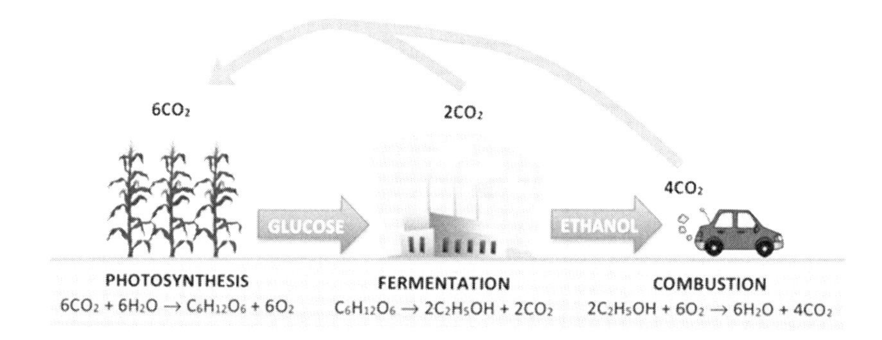

그림 5.19 바이오매스 에탄올의 탄소순환[109]

바이오매스발전은 다음과 같은 장점들이 있다. 첫째, 이미 앞에서 언급했듯이 배출되어 대기 중에 잔류하는 추가 이산화탄소가 없다. 둘째, 바이오매스의 원료는 생명을 가졌었던 유기물이기 때문에 연료로 사용하고 난 후 남은 폐기물은 비료 등으로 재활용이 가능하다. 셋째, 목재가구 등을 제조할 때 발생하는 부산물인 톱밥이나, 활용가치가 없어져 버려지는 폐목재를 원료로 사용하여 바이오매스를 제조하면 폐자원의 재활용이라는 긍정적인 의미가 있다. 이 외에도 바이오매스발전은 여러 장점들이 있다.

바이오매스발전은 이러한 장점들이 있음에도 불구하고 현재 몇 가지 문제

15) 식물은 대기 중의 이산화탄소를 흡수하여 광합성 반응을 하고, 자신의 생장에 필요한 유기물질을 만든다. 결과적으로 이산화탄소는 식물에게 흡수 및 저장된다.

들이 있어 널리 보급되고 활용되는 데 어려움이 있다. 그 문제들은 다음과 같다. 첫째, 에너지원인 바이오매스를 생산하기 위해서는 상당히 많은 양의 원료가 필요하다. 예를 들어 옥수수를 원료로 사용하여 99.5% 순도의 바이오매스 에탄올을 1,000L 생산한다고 했을 때, 필요로 하는 옥수수의 양은 약 2,690kg이다. 우리가 식용으로 먹는 중간 크기의 옥수수가 평균적으로 200g 정도의 중량을 가진다고 했을 때, 약 13,450개의 옥수수가 있어야만 99.5% 순도의 바이오매스 에탄올 1,000L를 생산할 수 있는 셈이다. 둘째, 식량자원을 원료로 사용 시 윤리적인 문제가 발생한다. 선진국이나 신흥국 등에서는 상당량의 음식물들이 쓰레기로 버려지고 있지만, 아직 아시아나 아프리카, 중남미 지역의 많은 국가들에서는 사람들이 식량 부족으로 인하여 영양실조나 기아에 시달리고 있다. 실제로 "기아에 시달리는 인구는 아시아가 5억 2,000만 명으로 가장 많았고, 아프리카 2억 4,300만 명, 중남미와 카리브해 국가가 4,250만 명으로 뒤를 이었다."[110]라는 보고가 유엔의 <2017년 세계 식량안보 및 영양 상태> 보고서를 통해서 이루어진 바 있다. 이러한 상황에서 우리의 산업과 편의를 위해 식량자원을 바이오매스의 원료로 사용하는 일은 윤리적으로 지탄 받을 여지가 있다([그림 5.20] 참고). 셋째, 미세먼지와 질소산화물 등의 환경오염물질이 발전을 하는 과정에서 적지 않게 발생할 수 있다. 넷째, 내연기관의 수명을 단축시킬 가능성이 있다. 실제로 바이오매스를 연료로 사용하는 과정에서 이물질과 부식의 발생으로 내연기관의 수명이 짧아졌다는 사례들이 보고된 바 있다([그림 5.21] 참고). 다섯째, 사용지가 생산지와 큰 기후차를 나타내면 연료로서 바이오매스를 사용하는 데 제약이 있다.

그림 5.20 식량문제에 반하는 바이오매스 정책의 풍자[111]

그림 5.21 바이오매스의 사용으로 인한 내연기관의 부식[112]

석탄가스화복합화력발전(Integrated Gasification Combined Cycle, 이하 'IGCC')은 석탄을 고온·고압으로 가스화하여 에너지원으로 사용하는 발전 방식이다. 석탄은 이산화탄소와 질소산화물, 황산화물, 분진 등을 발생시키는 대표적인 공해성 화석연료이다. 그러나 석탄을 가스화하여 연소시키면 천연가스를 연소시켰을 때의 수준으로 이산화탄소와 질소산화물, 황산화물, 분진 등의 배출이 상당히 저감된다. 즉, IGCC는 석탄을 에너지원으로 사용함에도 불구하고 온실가스와 환경오염물질들의 배출이 매우 적다는 장점이 있다. 또한 액화연료와 수소연료전지에 필요한 수소를 생산할 수 있다는 장점도 있다.[16]

IGCC발전소는 석탄을 고온·고압으로 가스화하는 가스화 플랜트, 분진과 황, 수은 등을 여과하는 합성가스 정제설비, 합성가스를 연소하여 전기를 생산하는 복합발전 플랜트, 합성가스를 사용하여 수소와 액화연료 등을 생산하는 IGCC 연계기술 플랜트 등으로 구성된다([그림 5.22] 참고). 그리고 이 발전소는 다음의 원리로 전기를 생산한다. "고온·고압의 가스화기에 석탄을 주입하면 산소와 반응하여 합성가스[17]가 생성된다. → 합성가스 정제설비는 합성가스에 혼합되어 있는 분진과 황, 수은 등을 여과한다. → 정제된 합성가스는 연소시설로 주입되어 연소된다. 연소되어 고온·고압의 상태가 된 그 가스는 가스터빈발전기를 작동시켜 전기를 생산한다. 그리고 배열회수보일러(Heat Recovery Steam Generator, HRSG)에 의해서 발생된 고온·고압의 수증기도 증기터빈발전기를 작동시켜 전기를 생산한다." 여기서 발전 외로 수

16) 액화연료는 수소와 일산화탄소(혹은 이산화탄소)를 사용하여 생산한다. 하나의 예로, 일정 비율의 수소와 일산화탄소(혹은 이산화탄소)를 반응기에 넣고 F-T 합성(Fischer-Tropsch synthesis)을 시키면 메탄올이 생성된다. 그 반응식은 다음과 같다. '$2H_2 + CO \rightarrow CH_3OH$' 또는 '$3H_2 + CO_2 \rightarrow CH_3OH + H_2O$'

17) 주성분은 일산화탄소와 수소, 이산화탄소, 질소, 메탄 등이다.

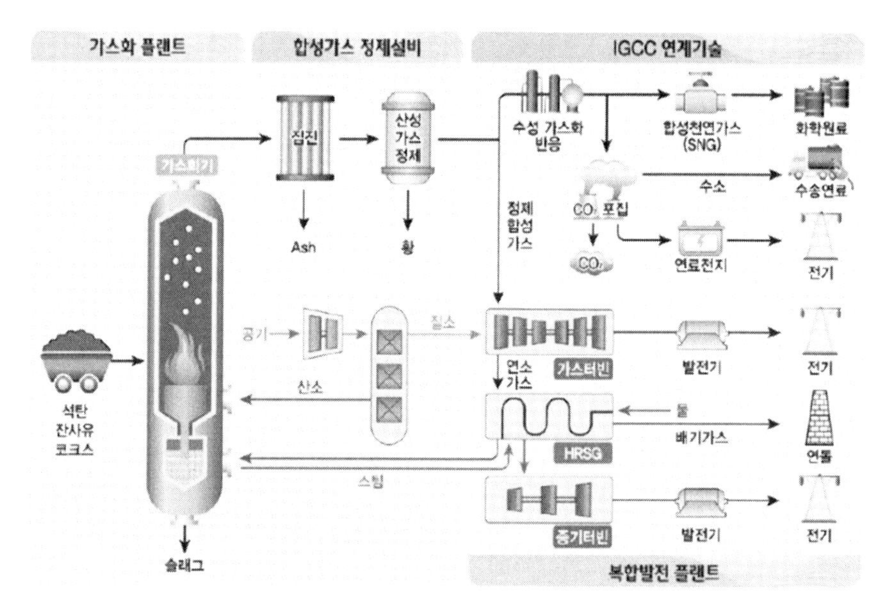

그림 5.22 IGCC발전소의 구성도[113]

소나 액화연료를 생산하고자 한다면 정제된 합성가스를 IGCC 연계기술 플랜트로 보내어 각각의 화학반응이 일어나도록 한다.

IGCC는 온실가스와 환경오염물질들의 배출이 매우 적은 발전방식이고, 비교적 높은 수준의 발전효율[18])을 가지며, 발전과 함께 수소와 액화연료 등을 생산할 수 있다는 장점들이 있다. 그러나 발전소의 구성이 복잡하고, 투자되는 설비비용이 크며, 높은 기술 수준을 필요로 한다는 문제들이 있다. 특히, IGCC의 장점인 온실가스의 적은 배출(혹은 비배출)을 위해서는 이산화탄소 포집 및 저장 설비가 추가적으로 설치되어야 하기 때문에 발전소의 구

18) 일반적인 IGCC의 발전효율은 약 40% 내외이지만, 고성능 가스터빈을 사용하였을 때 IGCC의 발전효율은 45~46% 수준이다.

성이 더욱 복잡해지고, 투자되는 설비비용이 더욱 커지며, 더욱 높은 기술 수준을 필요로 하게 된다. 그래서 IGCC는 아직 널리 보급되어 활용되고 있지 못하다.

참고로 한국 정부는 화석연료나 화석연료 기반의 폐기물 고형연료, 산업폐기물 고형연료를 사용하여 생산한 전기에너지를 법제의 정비를 통해 신재생에너지의 범주에서 제외시키는 방안을 검토하고 있다. 이와 함께 신재생에너지 공급인증서(Renewable Energy Certificate, 이하 'REC')19) 가중치 재조정도 추진 중에 있다.[115] 향후 IGCC가 신재생에너지의 범주에서 제외되고 또 REC 가중치가 IGCC에 불리하게 재조정 된다면, 한국에서 IGCC는 널리 보급되어 활용되기가 더욱 어려워질 수 있다.

원자력발전과 핵융합발전, 이것들은 신재생에너지 발전방식일까?

"원자력발전과 핵융합발전, 이것들은 신재생에너지 발전방식일까?"

먼저 답을 말하자면, "둘 다 아니다!" 물론 이 답은 시간이 지나면서 또 기술이 발전되면서 바뀔 여지가 충분히 있다.

핵융합발전은 아직 연구개발이 활발히 진행되고 있는 기술로서 상용화되어 쓰이고 있지 않아 직접적인 확인이 어렵지만 사용되는 연료와 발전되는 원리 때문에 이론적으로 온실가스와 환경오염물질들의 발생 가능성이 없다. 향후 핵융합발전이 상용화되어 실제로 발전(發電)이 이루어진다 하더라도 이

19) 발전설비의 용량이 500MW 이상인 발전사업자는 신재생에너지를 의무적으로 발전해야 하며 정부로부터 신재생에너지 공급인증서를 받아야 한다.[114]

와 같은 친환경·무공해 특성은 변함이 없을 것이다. 원자력발전 역시 마찬가지이다. 원자력발전은 핵융합발전과 달리 현재 많은 국가들에서 전기를 생산하기 위해 실제로 사용하고 있는 발전방식이다. 현재까지 전 세계의 모든 원자력발전소들은 가동되면서 이산화탄소나 질소산화물, 이산화황, 미세먼지 등을 배출한 사실이 없다. 이 또한 원자력발전에 사용되는 연료와 발전의 원리 때문이다. 이러한 이유로 원자력발전은 신재생에너지 발전방식은 아니지만 친환경·무공해 발전방식으로 여겨져 정책적 장려가 이루어지기도 한다. 게다가 원자력발전으로 생산한 전기를 녹색에너지로 취급하기도 한다. 한국에서는 이명박 정부 시절 원자력발전이 녹색에너지 발전방식으로 여겨져 많은 정책적 장려가 이루어진 바 있다.

원자력발전과 핵융합발전은 원자핵을 사용하여 발전을 한다는 공통점이 있지만, 실제로 발전이 이루어지는 원리는 전혀 다르다. 원자력발전은 핵분열(Nuclear Fission)을 이용하지만, 핵융합발전은 핵융합(Nuclear Fusion)을 이용하기 때문이다([그림 5.23] 참고).

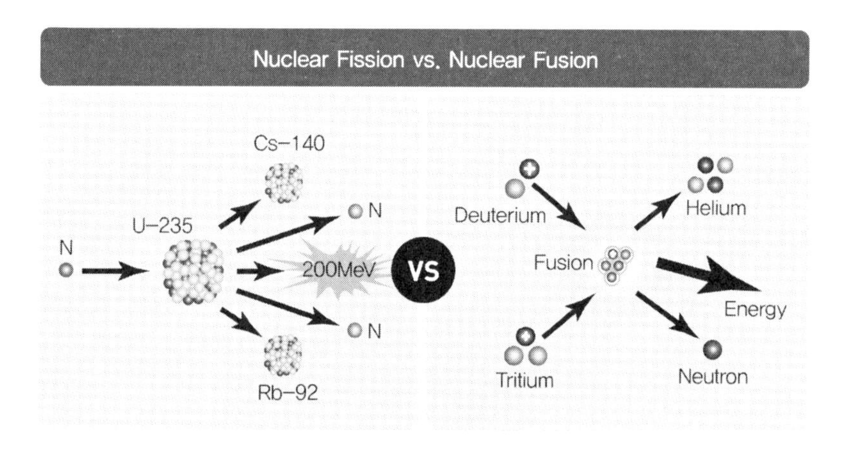

그림 5.23 핵분열과 핵융합의 개념[116]

원자력발전에 이용되는 핵분열은 우라늄(Uranium)과 플루토늄(Plutonium)처럼 무거운 원자핵을 가지는 물질이 중성자(Neutron)를 흡수하면 다량의 에너지(주로 열에너지)를 방출하면서 쪼개어지는 현상이다. 그런데 이 핵분열은 다량의 에너지와 함께 2~3개의 중성자를 내놓게 되는데, 그 중성자들이 다른 원자핵들과 반응하여 연쇄적인 핵분열을 일으킨다. 참고로 우라늄 235(U-235) 1g이 핵분열을 할 때 방출하는 에너지의 양은 석탄을 약 3ton 연소하였을 때 얻을 수 있는 에너지의 양과 비슷하다.

핵융합발전에 이용되는 핵융합은 1억℃ 이상의 고온에서 중수소(Deuterium)나 삼중수소(Tritium)처럼 가벼운 원자핵들이 서로 합쳐지면 다량의 에너지(주로 열에너지)를 방출하고 헬륨처럼 비교적 무거운 물질로 바뀌는 현상이다. 핵융합도 핵분열처럼 연쇄적으로 반응이 일어나는 것이 일반적이다. 참고로 핵융합이 이루어질 때 발생되는 에너지의 양은 핵분열이 이루어질 때 발생되는 에너지의 양보다 더욱 크다.

한국전력공사에서 발간한 <제86호 한국전력통계>를 보면, 2016년 기준 한국에서 원자력발전으로 생산한 전기의 양은 161,995GWh로, 총발전량의 29.99%를 차지하고 있었다([그림 5.24] 참고). 그리고 같은 해 전 세계의 원자력발전 비율도 10.7%에 이를 정도로 낮지 않았다.[118]

이렇듯 원자력발전이 한국은 물론 세계 각국으로부터 적지 않게 선호되는 이유는 다음과 같은 장점들이 있기 때문이다. 첫째, 연료비용이 매우 낮아 발전을 함에 있어서 경제성이 있다. 이미 앞에서 언급했듯이 우라늄235 1g은 석탄 약 3ton과 맞먹는 발열량을 가진다. 게다가 우라늄의 가격은 22.20 USD/lb[20](유연탄의 가격은 88.30USD/ton, 2017년 연평균 가격)로 저렴한

20) lb는 파운드의 표기법으로서 g으로 환산하면 약 454g이다.

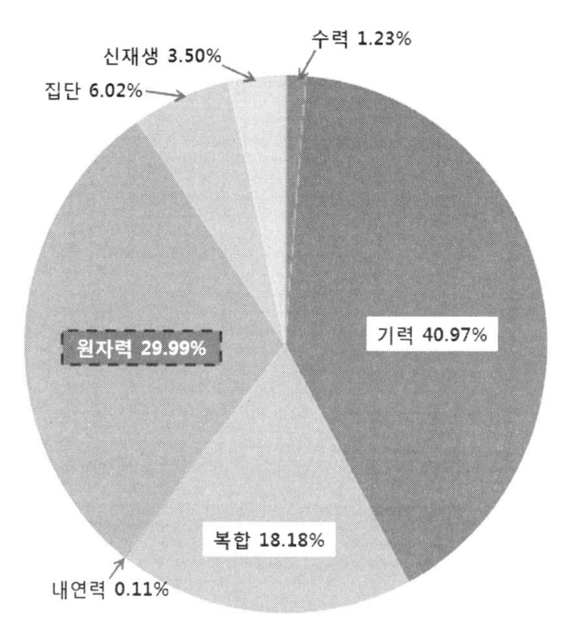

※본 그림은 〈제86호 한국전력통계〉를 참고하여 작성함.

그림 5.24 2016년 한국의 에너지원별 발전 비율[117]

편이다.[119] 따라서 원자력발전은 화석연료를 사용하는 발전들보다 매우 적은 연료비용이 투자되면서 많은 양의 전기를 생산할 수 있는 발전방식이다.21) 둘째, 온실가스와 공해성 물질들을 전혀 배출하지 않기 때문에 무공해·친환경 발전방식이다. 이산화탄소, 질소산화물, 일산화탄소, 황산화물, 분진 등의 대기오염물질들이 발전을 하는 과정에서 전혀 발생하지 않아 지구온난화에 대한 기여가 없고, 산성비가 발생하거나 다량의 미세먼지가 대기 중에 부유하는 현상도 발생할 여지가 전혀 없다.

21) 에너지원으로 우라늄을 사용하면 유연탄을 사용하는 것보다 2017년 연평균 가격을 기준으로 약 1/5,417배 저렴하다.

※출처 : 청와대 홈페이지에 게시된 동영상에서 화면캡처

그림 5.25 문재인 대통령의 고리원전 1호기 영구정지 기념사 모습[120]

"존경하는 국민 여러분! 고리 1호기22)의 가동 영구정지는 탈핵 국가로 가는 출발입니다. 안전한 대한민국으로 가는 대전환입니다. 저는 오늘을 기점으로 우리 사회가 국가 에너지정책에 대한 새로운 합의를 모아 나가기를 기대합니다. 그동안 우리나라의 에너지정책은 낮은 가격과 효율성을 추구했습니다. 값싼 발전단가를 최고로 여겼고 국민의 생명과 안전은 후순위였습니다. 지속가능한 환경에 대한 고려도 경시되었습니다. 원전23)은 에너지의 대부분을 수입해야 하는 우리가 개발도상국가 시기에 선택한 에너지정책이었습니다. 그러나 이제는 바꿀 때가 됐습니다. 국가의 경제 수준이 달라졌고, 환경의 중요성에 대한 인식도 높아졌습니다. 국민의 생명과 안전이 무엇보다 중요하다는 것이 확고한 사회적 합의로 자리 잡았습니다. 국가의 에너지정책

22) '고리원자력발전소 1호기'의 줄임말이다.

23) '원자력발전'의 줄임말이다.

도 이러한 변화에 발맞춰야 합니다. 방향은 분명합니다. 국민의 생명과 안전, 건강을 위협하는 요인들을 제거해야 합니다. 지속가능한 환경, 지속가능한 성장을 추구해야 합니다. 국민 안전을 최우선으로 하는 청정에너지 시대, 저는 이것이 우리의 에너지정책이 추구할 목표라고 확신합니다."

2017년 6월 19일 한국의 고리원전 1호기[24]가 영구정지 되는 데 대한 문재인 대통령의 기념사이다.[25] 이 기념사의 핵심은 '탈원전 선언'이다.

그렇다면 우리는 이러한 질문 하나가 생긴다. "원자력발전은 경제성과 친환경이라는 장점을 가지고 있음에도 불구하고, 왜 탈피해야 하는 대상일까?" 그 답은 바로 '원자력발전의 위험성' 때문이다.

원자력발전의 위험성은 크게 두 가지로 구분할 수 있다.

첫째, 발전 중에 발생할 수 있는 발전소의 폭발과 방사능 누출 등에 대한 위험성이다. 1979년 3월 28일 발생한 미국 스리마일섬원자력발전소의 핵연료 누출(이하 '스리마일원전사고'), 1986년 4월 26일 발생한 우크라이나 체르노빌원자력발전소의 폭발(이하 '체르노빌원전사고'), 2011년 3월 11일 발생한 일본 후쿠시마원자력발전소의 방사능 누출(이하 '후쿠시마원전사고')이 바로 그 위험성을 말해주는 대표적인 사고들이다. 각 사고의 개요와 피해를 간략히 설명하면 다음과 같다.

❶스리마일원전사고는 주급수 펌프계통의 고장과 운전원의 실수 때문에 발생했었던 대량의 핵연료 누출 사고이다. 당시 발전소 주변 80km 이내에 거주하던 임신부와 미취학 아동들이 급하게 피난했고, 다행히 사상자는 발생하지 않았다. 그러나 방사능 정화작업 등을 위하여 많은 비용이 소요되었다.

---

24) '고리원자력발전소 1호기'의 줄임말이다.

25) [그림 5.25]는 고리원전 1호기 영구정지 기념행사 당시 문재인 대통령이 기념사를 하는 모습이다.

❷체르노빌원전사고는 기술자들이 정전 시 비상전력 공급이 얼마나 가능한지를 실험하면서 안전절차를 위반하고 미숙한 조작을 하여 발전소가 폭발하게 된 사고이다. 특히, 체르노빌원자력발전소는 흑연을 감속재로 사용하고 건설비용 절감의 이유로 격납고를 부실하게 지음으로써 사고의 피해를 더욱 키웠다. 이 사고로 수십여 명의 사람들이 사망하였고 또 수십만 명의 사람들이 방사능에 노출되어 암 발생과 기형아 출산 등의 후유증을 겪었다. 그리고 발전소 주변의 토양과 지하수도 방사능에 노출이 되어 체르노빌 지역은 사람을 비롯한 생명체가 살 수 없게 되었다. ❸후쿠시마원전사고는 2011년 3월 11일 일본 동북부 지방을 강타한 대지진[26]의 여파로 인하여 원자로 1~3호기의 전력공급이 중단되면서 발생한 사고이다. 당시 전력공급의 중단으로 노심냉각장치가 작동을 멈추었고, 이로 인해 수소폭발이 연이어 발생하였다. 발전소 측은 노심냉각장치를 대신하여 바닷물을 끌어와 사용하였고, 이후 고농도로 방사능에 오염된 바닷물을 다시 바다로 방류하면서 해양오염이 발생하게 되었다. 사고가 발생한 직후 급사한 사람은 없는 것으로 알려져 있지만, 시간이 지나면서 백내장, 소장암, 폐암, 전립선암 등의 환자가 상당히 늘었다.

둘째, 원자력발전 이후 버려지는 방사성 폐기물에 대한 위험성이다. 방사성 폐기물은 크게 저준위·중준위·고준위 방사성 폐기물로 구분된다. 중·저준위 방사성 폐기물은 방사선의 방출 강도가 비교적 약한 방사성 폐기물로서, 발전소에서 사용된 환기용 필터, 이온교환수지, 작업자들의 작업복이나 공구, 원자로 부품 등이 해당된다. 고준위 방사성 폐기물은 방사선의 방출 강도가 매우 높은 폐기물로서, 사용된 핵연료, 핵연료에서 분리된 핵분열 생성물의 농축 폐액, 그 외 찌꺼기 등이 해당된다. 방사성 폐기물은 인간을 비롯한 모

26) 이 지진의 규모는 9.0이었다.

든 생명체들에게 치명적인 방사선을 방출하고, 저준위 → 중준위 → 고준위로 갈수록 위험과 피해가 점차 커진다. 특히, 고준위 방사성 폐기물의 경우 매우 강한 강도로 방사선을 방출하면서도 그 방사선의 방출 기간이 매우 길기 때문에 상당히 위험하다. 그래서 고준위 방사성 폐기물을 처리하는 데에는 수십조 원의 비용이 소요되고, 처리된 이후에도 안전을 위해서 철저한 관리가 필요하다.27) 혹여 방사성 폐기물의 처리가 잘 못 되어서 또는 처리된 이후 관리가 잘 못 되어서 방사능 노출이 이루어진다면 사람들이 사망하거나 후유증을 겪게 될 수 있다.

세계 각국의 시민들은 원자력발전의 위험으로부터 해방된 삶을 영위하고자 지속적으로 '탈원전'을 요구하고, 필요에 따라서는 정치적 실력행사를 하여 그 요구가 관철되도록 하고 있다. 이와 반대로 "원자력발전의 위험성은 기술적으로 해결될 수 있다"고 주장하면서 원자력발전 비중의 확대를 요구하는 사람들의 목소리도 적지 않다. 그러나 이들의 요구는 받아들여지지 않을 가능성이 크다. 그 이유는 기술이 혁신적으로 발전되고 공학적으로 안전성을 확보한다 할지라도 인간이 가지고 있는 경험적인(혹은 선험적인) 원자력발전에 대한 공포는 해소되기가 쉽지 않을 것이기 때문이다.

핵융합발전은 '탈원전'은 물론 '탈화력'까지 시대적으로 요구되면서 우리에게 필요한 전기를 충분히 공급해 줄 수 있는 기술로 각광을 받고 있다. 그

---

27) "국회 산업통상자원위원회 소속 이훈 의원(더불어민주당, 서울 금천구)이 산업통상자원부로부터 제출받은 자료(2016년 기준)에 따르면, 고준위 방사성 폐기물 처분장을 건설하고 기본적인 운영을 하는 데까지 소요되는 비용이 약 53조 3,000억 원에 달하는 것으로 나타났다. 소요비용을 세부적으로 살펴보면 방사성 폐기물을 중간저장 하는 시설에 약 21조 원, 처분시설에 약 32조 원이 소요될 것으로 산출됐다. 이는 고준위 방사성 물질을 처리하기 위한 비용으로 중·저준위 방사성 물질의 처리시설을 건립하는 것까지 고려한다면 방사성 폐기물 처분에 천문학적인 예산이 투입될 것으로 예상됐다."[121]

이유는 다음과 같은 장점들이 있기 때문이다. 첫째, 동일한 질량의 연료를 사용하였을 때, 핵융합은 핵분열보다 많은 에너지(주로 열에너지)를 발생시켜 더욱 많은 양의 전기를 생산할 수 있다. 일반적으로 알려져 있기를 수소 1kg은 핵융합 시 1,500억kcal의 에너지를 발생시키는 데 반해 우라늄235 1kg은 핵분열 시 200억kcal의 에너지를 발생시킨다. 둘째, 핵융합발전 연료는 생명체에게 치명적인 방사선을 전혀 방출하지 않고, 핵융합발전소는 시스템적으로 폭발 가능성이 없음에 따라 안전하다. 셋째, 온실가스는 물론 어떠한 환경오염물질도 배출하지 않아 친환경·무공해 발전방식이다.

핵융합발전은 아직 연구개발이 한창 진행되고 있는 비상용화 기술이다. 핵융합발전이 이루어지기 위해서는 1억℃ 이상의 고밀도 플라즈마를 생성시켜 장시간 유지해야 하는데, 아직 이 기술의 확보가 이루어지지 못한 상황이다.[28] 국가핵융합연구소 유석재 소장은 한 인터뷰에서 현재의 핵융합발전 기술 수준에 대해 다음과 같이 말했다.

"(2018년 연구소의 목표는) 플라즈마 1억℃ 달성인데요. 핵융합에너지를 위해서는 고온의 플라즈마를 달성해야 하고, 1억℃ 이상의 온도를 갖는 고밀도 플라즈마를 장시간 유지·제어하는 일이 관건입니다. 과거 다른 국가의 핵융합 장치에서 0.5초나 1초 정도의 짧은 시간 동안 1억℃ 이상의 플라즈마를 발생한 적은 있지만, 수초나 수십 초 이상의 핵융합에너지를 위해 의미 있는 시간을 달성한 적은 없습니다."[122]

현재 많은 국가들은 기후변화에 대응하면서 우리가 필요로 하는 양만큼의

28) 순수 기술적 측면에서는 물론 경제성을 가지기 위한 기술로서도 그러하다. 향후 1억℃ 이상의 고밀도 플라즈마를 생성시켜 장시간 유지하는 기술적 목표를 달성하더라도, 그것이 경제성을 가지는 기술이 되도록 하여야 한다. 그래야만 그 기술이 상용화되어 우리의 실생활에 유용하게 쓰일 수 있을 것이다.

전기를 충분히 생산할 수 있고, 또한 '탈원전'과 '탈화력'을 이룰 수 있는 핵융합발전 기술을 확보하기 위해 많은 노력들을 하고 있다([그림 5.26] 참고). 가까운 미래에는 그 기술의 확보가 어렵겠지만, 그럼에도 불구하고 너무 멀지 않은 미래에는 핵융합발전이 우리의 실생활에 주요한 발전방식으로 쓰이고 있으리라 생각해 본다.

※출처 : 국가핵융합연구소 홈페이지

그림 5.26 **한국의 KSTAR 모습과 EU의 ITER 조감도**[123]

온실가스 배출권거래제, 시장에서 해결하기

06
CHAPTER

06 CHAPTER
온실가스 배출권거래제, 시장에서 해결하기

온실가스 배출권거래제는 "시장은 온실가스 감축목표를 효과적으로 달성하도록 할 것이다."라는 전제하에 만들어지고 도입되었다. 온실가스 배출권거래제는 시장원리가 적용되어 시장에서 작동되고 있다. 그 이유는 시장의 긍정적 기능을 기대하기 때문이다. 시장원리는 국가의 개입이 최소화된 상황에서 재화를 사려는 사람의 '수요'와 재화를 팔려는 사람의 '공급' 사이에 자연스럽게 생겨나는 가격의 결정 및 재화의 거래에 대한 원리이다. 그래서 우리는 시장원리를 '수요-공급의 원리'라고 부르기도 한다.

우리는 온실가스 배출권거래제를 도입하고서 온실가스 감축목표의 달성은 물론 신재생에너지 발전량 비중의 증대, 산업시설과 운송시설에서 사용되는 에너지의 효율 제고, 침체된 경제의 활성화 등 많은 긍정적인 효과들을 기대하고 있다. 실제로 그러한 효과들은 나타나고 있다. 그러나 온실가스 배출권거래제의 도입으로 인한 예상치 못한 사회적 문제들도 발생되고 있다. 그래서 우리는 '온실가스 배출권거래제가 정확하게 무엇인지'와 '그것이 우리 사회에 어떠한 영향을 미치고 있는지'를 살펴보고, '온실가스 배출권거래제를 이행함에 있어서 어떠한 태도를 취해야 하는지'를 고민해 볼 필요가 있다.

온실가스 배출권거래제의 개념

온실가스 배출권거래제는 기업들에게 온실가스 배출량을 할당하고, 그 할당된 배출량의 여분을 다른 기업과 거래하도록 하는 제도이다. 즉, 기업들이 서로 온실가스 배출권[1])을 사고팔도록 하는 제도이다.

[그림 6.1]을 토대로 예를 들어보자.[2]) A기업과 B기업은 국가로부터 동일하게 온실가스 배출허용량 100tCO_2-eq를 할당받았다.[3]) 현재 A기업과 B기업은 온실가스 실제배출량이 각각 70tCO_2-eq와 130tCO_2-eq이다. A기업은 배출허용량보다 실제배출량이 30tCO_2-eq나 적기 때문에 과징금에 대한 문제가 없지만, B기업은 배출허용량보다 실제배출량이 30tCO_2-eq나 많기 때문에 상당 금액의 과징금을 납부해야 한다. B기업은 과징금을 납부하지 않기 위하여 A기업으로부터 잉여배출량 30tCO_2-eq를 구매하고, 국가로부터 초과배출량을 인정받는다. 참고로 배출허용량을 초과하는 기업에게 부과되는 과징금은 배출권의 구매비용보다 크다. A기업 역시 잉여배출량으로 부가적인 수익을 얻을 수 있기 때문에 B기업에게 잉여배출량을 판매하는 것에 대하여 긍정적인 입장이다.

여러 나라들에서 시행되고 있는 온실가스 배출권의 거래는 실제로 이와 같

---

1) 한국의 배출권 거래시장에서 거래되는 배출권은 '할당배출권'과 '상쇄배출권'이다. 할당배출권(Korean Allowance Unit, KAU)은 기업이 정부로부터 할당을 받은 배출권이다. 상쇄배출권(Korean Credit Unit, KCU)은 기업이 외부 배출시설 등에서 온실가스를 감축하고, 그 실적을 인정받아 배출권으로 전환한 것이다.

2) [그림 6.1]은 온실가스뿐만 아니라 모든 오염물질들을 적용할 수 있는 배출권거래제의 개념이다. 다만, 이 책에서는 그 개념을 '온실가스 배출권거래제'로 국한한다.

3) 단위 'tCO_2-eq'는 지구온난화지수를 고려하여 계산된 값임을 나타낸다. <온실가스 배출권의 할당 및 거래에 관한 법률 시행령>에 의하면 1배출권은 배출권의 거래 시 최소 단위이다. 여기서 1배출권은 1tCO_2-eq이다.

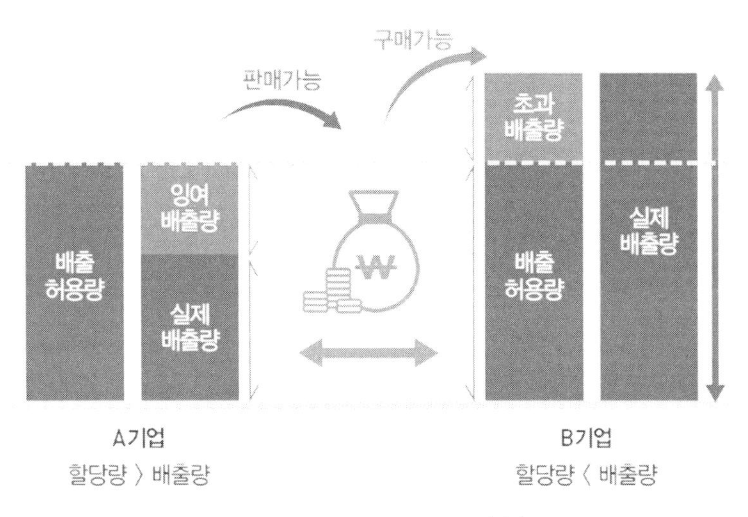

그림 6.1 배출권거래제의 개념[124]

은 메커니즘으로 이루어지고 있으며, 온실가스 배출권거래제는 그 거래가 제도적으로 잘 이루어지도록 또 시장원리에 의하여 온실가스 감축목표의 달성이 효과적으로 이루어지도록 제정되었다.

고전 경제학의 아버지라 불리는 애덤 스미스(Adam Smith)는 시장이 작동되는 원리를 '수요-공급의 원리'로 보았고, '보이지 않는 손'으로 표현하였다. 또한 애덤 스미스는 "사익의 추구는 공익을 낳는다."라고 주장하였고, 그 발생된 공익은 보이지 않는 손이 인도한 결과라고 설명하였다. "우리가 저녁을 먹을 수 있는 것은 푸줏간 주인이나 양조장 주인, 빵집 주인의 자비심 덕분이 아니라 이익을 추구하려는 그들의 욕구 때문이다." 이 말은 애덤 스미스의 그러한 생각을 매우 잘 나타낸다.

"온실가스 배출권의 거래가 이루어지는 시장에 참여하는 다양한 이해당사자들은 그들의 사익을 추구하기 위한 행동을 끊임없이 할 것이다. 그 결과 그들 사익의 달성은 물론 '온실가스 감축목표 달성'이라는 공익을 이룰 것이다." 온실가스 배출권거래제를 만들고 도입한 사람들은 애덤 스미스로부터 영감을 받아 이러한 생각을 가지고 있었을 것이다.

국가가 기업들에게 적정한 온실가스 배출허용량이라는 규제를 가함과 함께 잉여배출량의 거래라는 인센티브를 부여함으로써 1차적인 시장의 작동이 이루어지고, 이후 더욱 많은 잉여배출량의 거래를 통해서 이익을 극대화하려는 행위 또 배출권의 거래가 이루어지는 과정에서 파생적인 이익을 취하려는 행위로 인해 2차적인 시장의 작동이 이루어진다. 결국, 온실가스를 감축해야 하는 기업들뿐만 아니라 온실가스 감축기술을 개발하고 보급하는 기업, 배출권 거래시장의 시장운영자, 기업들의 주식을 취급하는 증권사, 자본공급을 담당하는 은행 및 투자사, 컨설팅기관 등은 모두 온실가스 배출권 거래시장의 이해당사자가 될 수밖에 없다. 그리고 그들의 사익 추구로 온실가스 배출권 거래시장이 활성화되면 자연스럽게 '온실가스의 감축'이라는 공익이 달성될 수밖에 없다. 그들의 사익은 바로 온실가스를 감축하는 것으로부터 발생하기 때문이다.

온실가스 배출권을 거래하는 방식은 '총량제한배출권거래'와 '감축실적거래'가 있다.

첫째, 총량제한배출권거래(Cap & Trade System)는 온실가스를 감축해야 하는 당사자(기업 또는 국가)에게 배출허용량을 할당하고, 감축을 해야 하는 기간 말에 남거나 부족한 배출량을 판매하거나 구매하는 방식이다([그림 6.1]과 [그림 6.2] 참고). 이것은 자발적 방식이라기보다 온실가스 감축목표를 강제적으로 달성하도록 하는 규제적 방식이다. 한국과 EU 등에서 시행되고 있는 온실가스 배출권거래제는 이 방식이 적용된다.

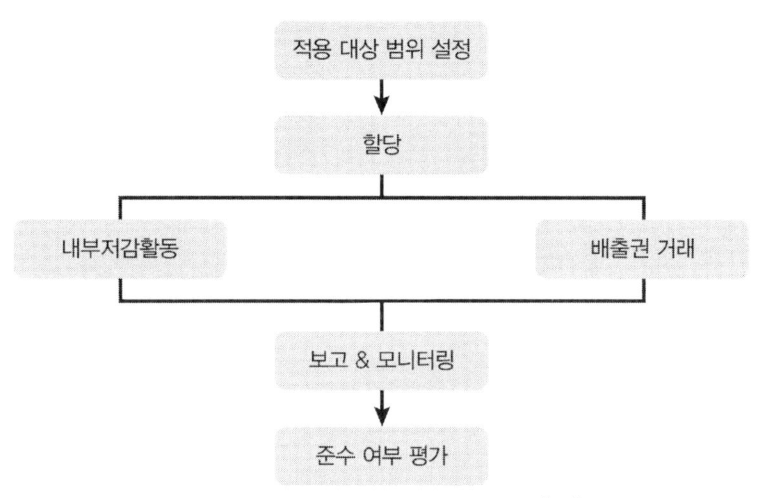

그림 6.2 **총량제한배출권거래의 개념**[125]

둘째, 감축실적거래(Baseline & Credit System)는 프로젝트를 수행하여 얻은 온실가스 감축실적을 크레딧(Credit)으로 발급받아 거래하는 방식이다. 감축실적을 산정하기 위한 기준배출량은 온실가스를 감축해야 하는 당사자의 현재 온실가스 배출량이다([그림 6.3] 참고). 공동이행제도와 청정개발제도는 이 방식이 적용된다.

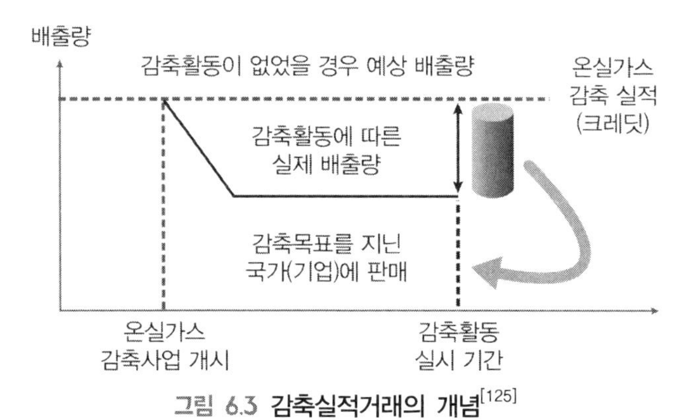

그림 6.3 **감축실적거래의 개념**[125]

한국은 온실가스 배출권거래제의 도입을 위하여 비교적 오랜 시간 동안 여러 법제적 노력들을 해왔다. 배출권거래제는 이미 2005년 2월 발효된 교토의정서에 명문화되어 있었다. 그러나 기후변화에 대한 역사적 책임이 있는 EU와 일부 국가들을 제외하고는 많은 국가들이 여러 이유들로 인하여 배출권거래제의 도입을 미루고 있었고, 한국 역시 배출권거래제의 도입을 서두르지 않았다([그림 6.4] 참고). 한국 정부는 2009년 1월 '신성장동력 비전 및 발전전략'을 확정하였고, 같은 해 11월 국책 연구기관 공동의 감축잠재량 분석결과를 토대로 온실가스 감축목표를 설정하였다. 이로써 온실가스 배출권거래제를 도입하기 위한 첫발을 뗀 셈이다. 이후 2010년 1월 <저탄소 녹색성장 기본법>을 제정하면서 '제46조(총량제한 배출권 거래제 등의 도입)[4]'을 명기하였는데, 이것은 온실가스 배출권거래제 도입에 대한 법률적 근거를 마련하였다는 의미가 있다. 한국 정부는 2012년 5월 <온실가스 배출권의 할당 및 거래에 관한 법률(이하 '배출권거래법')>을 제정하여 온실가스 배출권 거래에 대한 메커니즘을 구체화하였고, 2014년 1월 한국거래소를 배출권거래소로 지정하여 본격적인 온실가스 배출권 거래가 이루어지도록 하였다.

---

4) 제46조(총량제한 배출권 거래제 등의 도입)
① 정부는 시장기능을 활용하여 효율적으로 국가의 온실가스 감축목표를 달성하기 위하여 온실가스 배출권을 거래하는 제도를 운영할 수 있다.
② 제1항의 제도에는 온실가스 배출허용총량을 설정하고 배출권을 거래하는 제도 및 기타 국제적으로 인정되는 거래 제도를 포함한다.
③ 정부는 제2항에 따른 제도를 실시할 경우 기후변화 관련 국제협상을 고려하여야 하고, 국제경쟁력이 현저하게 약화될 우려가 있는 제42조 제5항의 관리업체에 대하여는 필요한 조치를 강구할 수 있다.
④ 제2항에 따른 제도의 실시를 위한 배출허용량의 할당방법, 등록·관리방법 및 거래소 설치·운영 등은 따로 법률로 정한다.

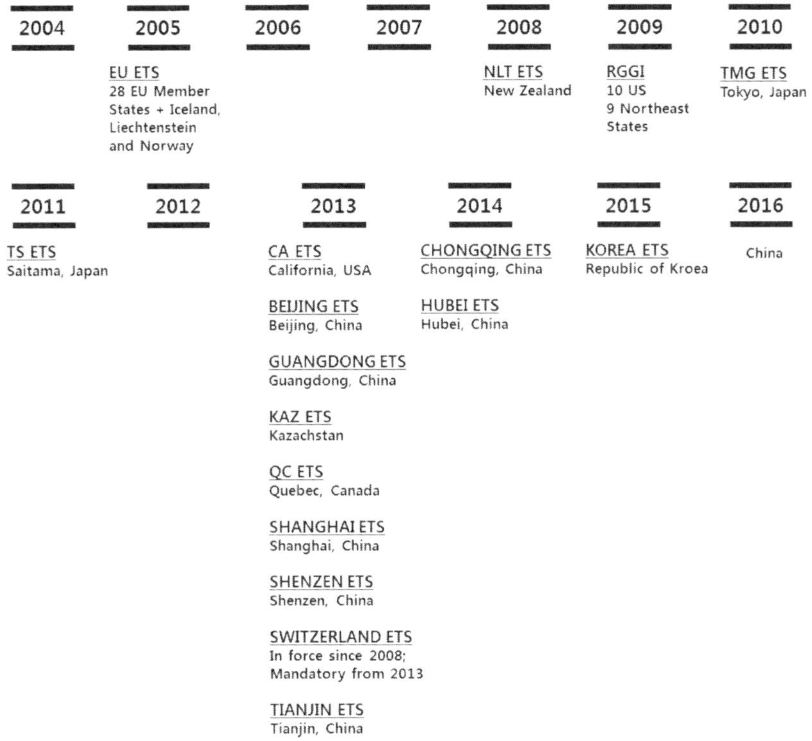

2004 | 2005 | 2006 | 2007 | 2008 | 2009 | 2010

2005 — EU ETS: 28 EU Member States + Iceland, Liechtenstein and Norway

2008 — NLT ETS: New Zealand

2009 — RGGI: 10 US 9 Northeast States

2010 — TMG ETS: Tokyo, Japan

2011 | 2012 | 2013 | 2014 | 2015 | 2016

2011 — TS ETS: Saitama, Japan

2013 — CA ETS: California, USA
BEIJING ETS: Beijing, China
GUANGDONG ETS: Guangdong, China
KAZ ETS: Kazachstan
QC ETS: Quebec, Canada
SHANGHAI ETS: Shanghai, China
SHENZEN ETS: Shenzen, China
SWITZERLAND ETS: In force since 2008; Mandatory from 2013
TIANJIN ETS: Tianjin, China

2014 — CHONGQING ETS: Chongqing, China
HUBEI ETS: Hubei, China

2015 — KOREA ETS: Republic of Kroea

2016 — China

※본 그림은 원본을 참고하여 재작성함.

그림 6.4 각국의 온실가스 배출권거래제(ETS) 도입 시기[126]

온실가스 배출권거래제의 영향

"2015년 1월 1일 한국은 온실가스 배출권거래제(이하 'KETS')를 시작했다. KETS는 동아시아 지역에서 시행되는 첫 국가 차원의 총량제한배출권거래(cap-and-trade) 프로그램이다. 그리고 약 525곳의 온실가스 배출기업들과 5곳의 항공사들이 KETS의 적용을 받는다. 이들의 온실가스 배출량은 한국에서 배출되는 총 온실가스 배출량의 약 68% 정도이다. 한국의 온실가스 감축목표는 2030년까지 BAU(business as usual) 대비 37% 저감이다. KETS는 이 목표를 달성하는 데 매우 중요한 역할을 하리라 기대된다. 현재의 온실가스 배출량은 2012년 온실가스 배출량의 22% 감소된 수준이다. KETS는 교토의정서에서 지목된 온실가스 6종의 배출과 전기에너지의 사용으로부터 발생되는 간접적인 온실가스의 배출을 모두 통제하고 있다. KETS는 첫해 온실가스의 거래가 제한적이었음에도 불구하고 크레딧(온실가스 외부감축사업 상쇄제도에서 기인하는)의 흐름이 안정적이었다. 향후 한국은 KETS의 이행을 통해서 온실가스 감축목표를 달성할 것이다."[5)]

이 글은 기후프로젝트(The Climate Reality Project)[6)]에서 2017년 5월 발간한 <HANDBOOK ON CARBON PRICING INSTRUMENTS>의 '한국 사례(page 42)' 부분이다. 기후프로젝트는 한국 사례를 포함한 모든 국가들의 사례를 제시하면서, 온실가스 감축목표를 달성하기 위해서는 온실가스 배출권거래제의 역할이 중요하다고 주장한다.

---

5) 원문은 다음과 같다. "On January 1, 2015, the Republic of Korea launched its national ETS(KETS). KETS is the first national cap-and-trade program in operation in East Asia, and covers approximately 525 of the country's largest emitters, including five domestic airlines. These emitters account for around 68 percent of national GHG emissions. The Republic of Korea intends to reduce its GHG emissions by 37 percent below 'business as usual' emissions by 2030. The KETS will play a crucial part in meeting this target. This level is equivalent to a 22 percent reduction from the 2012 emissions levels. The KETS covers both direct emissions of the six Kyoto Protocol gases and indirect emission from electricity consumption. While trade in its first year of operation was limited, 2015 saw a steady flow of credits from national offset projects. Going forward, part of the reduction goal may be achieved through international market mechanisms — meaning international offsets allowed into the KETS."[127]

6) 기후프로젝트는 엘 고어(Al Gore) 전 미국 부통령이 2006년 11월에 설립한 비정부기구이다.

실제로 세계 각국 그리고 많은 사람들은 온실가스 배출권거래제가 기후변화를 대응하기 위한 효과적인 방법이고, 우리 사회에 여러 긍정적인 영향을 미칠 것이라고 믿는다. 제프 슈왈츠(Jeff Swartz) 국제배출권거래연맹 이사는 온실가스 배출권거래제를 긍정적으로 평가한다. 그리고 온실가스 배출권거래제가 온실가스 감축목표를 달성하도록 할 뿐만 아니라 산업에도 긍정적인 영향을 미칠 수 있다고 말한다.7) 한국금융연구원은 2017년 12월 발간한 보고서 <탄소배출권 파생상품 시장 도입방안 연구>를 통해 "온실가스 배출권 거래시장이 발전할 경우, 다양한 측면에서 국내 배출권 현물시장 및 관련 금융시장에 긍정적인 영향을 줄 가능성이 높다"고 주장했다.[129] 한종수 기자는 2018년 4월 한국의 농림축산식품부가 '새만금 방풍림 조성사업'과 '경북도청 천연 숲 조성사업'을 배출권거래제 외부사업으로 승인한 사실을 보도하면서, "신규 조림이나 식생복구사업을 통한 온실가스 감축실적을 배출권 거래시장에서 판매할 수 있도록 승인된 것은 이번이 처음이다. 숲 조성으로 온실가스 감축은 물론 수익도 낼 수 있는 길이 열린 셈이다."라고 말했다.[130]

반면에 온실가스 배출권거래제가 기후변화를 대응하는 데 긍정적인 역할을 하겠지만 우리의 산업활동에 부정적인 영향을 미칠 수 있다고 우려하는 목소리도 있다. 한국 정부가 국내 기업들에게 온실가스 배출권을 처음 할당했을 당시 전국경제인연합회와 산업계는 공동 성명서를 내고 온실가스 배출권을 기업들의 현 상황을 고려하여 재할당해 달라고 요구했었다. 또한 약 50여 개의 기업들은 정부를 상대로 소송을 제기하기도 했었다.[131-133] 이들의 이

7) The timetable to implement a national trading system is 'tremendously ambitious', says Jeff Swartz, director of international policy at the International Emissions Trading Association. 'It sends a signal to investors in China that the government is going to properly set a carbon budget and that may be more effective in catalysing business and industry away from fossil fuels.'[128]

러한 요구와 반발에는 "온실가스 배출권거래제의 이행은 기업경영을 위축시킨다!"라는 인식이 기본적으로 깔려있다([그림 6.5]와 [그림 6.6] 참고).

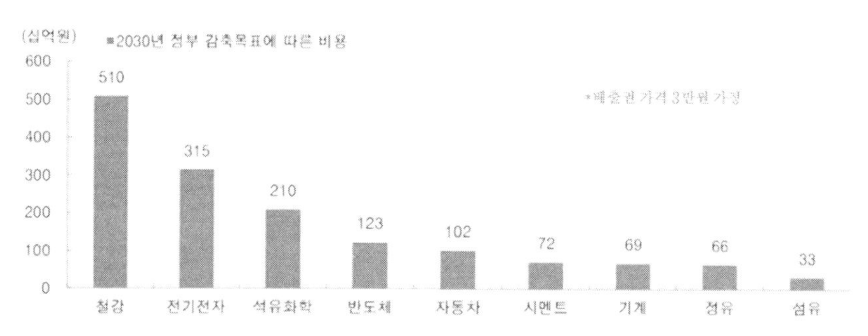

그림 6.5 온실가스 배출량을 줄이기 위한 업종별 소요비용[125]

시멘트업계 탄소배출권 갈등... "성신양회에 추가할당은 잘못"

업체, 2심도 환경부에 승소

서울고등법원 행정10부(부장판사 한창훈)는 4일 시멘트업체들이 경쟁 대한 온실가스 배출권 할당처분을 취소해 달라며 환경부를 상대로 낸 서 원고 승소 판결한 원심을 그대로 유지했다.

삼표시멘트 등 시멘트업체 다섯 곳은 성신양 를 기업들의 할당량이 줄어들어 피해를 입었 재판부는 "성신양회의 일부 시설에 물리적 추 됐다는 이유로 할당량을 추가 배정한 것은 산

[사설] 탄소배출권 거래제, 환경 이전에 경제도 생각하자

2차 배출권 할당 계획에 철강금속 업계 의견 반영돼야

공청회를 통해 업계 의견 강하게 어필 필요

정부의 제2차 계획기간 국가 배출권 할당계획(안)에 대한 의견수렴을 위한 공청회가 오는 도 적극적인 입장 표명이 필요한 상황이다.

받은 비철금속 업계는 이번 공청회를 통해 불합리한

를 비롯한 산업계와 경제계는 배출권 거래제를 오류와 신증설분의 배출권 전망치 미반영, 선진국과 등을 줄기차게 지적해왔다.

기업 혼란, 부담만 키우는 '반쪽짜리 탄소배출권' 계획

거래하는 시장을 지난 2015년 1월 개장했다. /연합뉴스 [서울경제] 정부가 내년 배출권거래제 참여기업의 온실가스 배출 허용 총량을 5억3,846만톤으로 확정했다. 법정 시한...

갈피 못잡는 배출권 정책.. 기업·가격도 '오락가락'

법원은 정부의 손을 들어줬다. 당시 재판부는 "절차에 대해 기한을 둔 취지가 배출권거래제 도입에 따른 각 절차를 조속히 시행하도록 정한 것으로 볼 수 있다"며 "각...

脫원전에 6개월 늦어지자.. 탄소배출권 '땜질식 할당'

결정은 법정 시한인 지난 6월 말보다 6개월가량 늦어진 것이다. 문재인 정부 들어 탈(脫... 통합됐다는 지적이다. 정부가 탄소배출권 할당량 결정을 연말까지 미룬 데다 그...

※출처 : DAUM 검색

그림 6.6 온실가스 배출권거래제에 대한 부정적인 목소리

온실가스 배출권거래제와 향후 우리 사회의 태도

"❶환경부장관이 2014년 12월 1일 원고 ▲▲▲▲ 주식회사에 대하여 한 613,120tCO_2-eq 부분의 온실가스 배출권 할당 거부처분을 취소한다. ❷원고 ▲▲▲▲ 주식회사를 제외한 나머지 원고들의 청구를 모두 기각한다. ❸소송비용 중 원고 ▲▲▲▲ 주식회사와 피고 사이에 생긴 부분은 피고가, 나머지 원고들과 피고 사이에 생긴 부분은 위 원고들이 부담한다."[8)]

2017년 2월 2일 서울행정법원에서 선고된 판결(2015구합5537)의 주문이다. 이 주문은 "환경부장관으로부터 잘못된 온실가스 배출권을 할당받은 1개 기업(▲▲▲▲ 주식회사)을 제외한 나머지 14개 기업들이 주장하는 내용은 잘못되었다"고 밝힌다. 사건의 전말은 이러하다. 온실가스 배출권거래제가 시행되면서 환경부장관은 온실가스 감축대상 기업들에게 온실가스 배출권을 할당했다. 그런데 그 기업들 중 14개 기업들은 온실가스 배출권 할당이 자신들의 입장에서 적다고 문제를 삼으며 환경부장관에게 더욱 많은 온실가스 배출권 할당을 요구하였다. 하지만 환경부장관은 이미 할당된 온실가스 배출권은 적정하다며 이 기업들에게 거부처분을 내렸다. 이 결정을 14개 기업들은 수긍하지 않았고, 더욱 많은 온실가스 배출권 할당을 거듭 요구하고자 환경부장관을 대상으로 소송을 제기하였다.[9)] 이후 사법부는 판결을 통해서 기업들이 아닌 환경부장관의 손을 들어주었고, "방귀뀐 놈이 성낸다. '탄소배출

---

8) 여기서 '원고'는 소송을 제기한 기업들이고 '피고'는 환경부장관이다. '거부처분'은 행정청이 신청에 대해 거부하는 처분이다. '기각'은 소송을 수리한 법원이 소나 상소가 형식적인 요건은 갖추었으나 그 내용이 실체적으로 이유가 없다고 판단하여 소송을 종료하는 행위이다.

9) 환경부장관으로부터 잘못된 온실가스 배출권을 할당받았던 1개 기업도 정정신청을 하였을 시 거부처분을 받았었기 때문에 14개 기업들과 함께 소송을 제기하였다. 그리고 이 기업은 사법부로부터 환경부장관의 잘못을 확인받았다.

제한'이 불만인 회사"라는 평을 내놓았다.

온실가스 배출권거래제와 관련된 해외에서의 소송사례도 있다. 유럽의 철강회사 아세로미탈(Arcelor Mittal)은 "알루미늄과 플라스틱 제조업 부문은 온실가스 배출권거래제 이행에서 제외되는데, 철강 부문만 이행을 하는 것은 평등의 원칙에 위배가 된다"며 유럽사법재판소에 프랑스 정부를 대상으로 제소하였다. 그러나 유럽사법재판소는 프랑스 정부의 그러한 조치가 객관적이고 합리적인 기준으로 추구하는 목적에 비례하기 때문에 정당하다고 판결을 내렸다. 이후 온실가스 배출권거래제가 기본적인 재산권과 경제활동의 자유를 침해하고, 타 산업 부문과의 평등원칙을 위배하며, 법률의 명확성 원칙을 위배한다는 등의 이유로 아세로미탈은 별도의 소송을 제기하였고, 유럽사법재판소는 아세로미탈이 충분히 심각하게 침해당했음을 입증하지 못하였기에 그 소송을 기각하였다.[134]

세계 각국의 대다수 시민들은 온실가스 배출권거래제의 이행을 적극적으로 지지하고 있지만, 현재 많은 양의 에너지를 사용하여 산업활동을 하고 있는 상당수의 기업들은 막대한 비용이 소요될 수 있는 온실가스 배출권거래제의 이행에 대해서 지속적으로 이의를 제기하며 제소하고 있다. 그러나 특별한 상황이 아니고서는 대부분 기업들이 패소하고 있는 상황이다.

기업들에게 있어서는 어려운 일이겠으나 온실가스 배출권거래제의 이행은 우리 사회가 지속해야 하는 일이 분명하다. 다만, 온실가스 배출권거래제를 실효성 있게 이행하되 우리의 산업활동이 급격하게 위축되어 경제에 악영향을 미치지 않도록 해야 한다.

국가는 온실가스 배출권을 자국의 기업들에게 할당함에 있어서 다음의 두 가지를 동시에 고려해야 한다. 하나는 국제사회에 약속한 온실가스 감축목표를 기간 내에 달성하도록 하는 것이고, 또 하나는 기업경영이 극도로 위축되지 않도록 하는 것이다. 그래서 국가는 기업들의 현재 온실가스 배출량을 면밀하게 확인함과 함께 온실가스 감축능력이 어느 정도인지를 정확하게 파악해야 한다. 그러나 기업들의 입장에 치우쳐 온실가스 배출권을 할당해서는 안 된다. 한국의 경우, 정부가 산업계의 끊임없는 반대와 악화되는 경제 상황에 밀려 최초 계획했던 1차년도(2015~2017년) 배출량보다 대폭 완화한 배출량을 기업들에게 할당한 바 있다.[135]

기업은 온실가스 배출권거래제의 이행을 규제에 대한 대응으로 생각하지 말고 기후변화 시대를 살아가는 구성원의 마땅한 행동으로 여겨야 한다. 그리고 위축되지 않는 기업경영을 지속하면서 온실가스 감축을 위한 최대의 노력을 해야 한다. EU 의회는 2014년 4월 대기업의 환경, 인권, 반부패 등에 관한 비재무적 정보 공개를 의무화한 법안을 통과시켰고, 그 법안의 시행을 2017년 회계연도부터로 규정하였다. 이에 따라 EU 지역의 종업원 600명 이상의 기업들은 2018년부터 비재무적 정보를 공시해야 한다.[136] 여기서 비재무적 정보는 온실가스 배출권거래제 이행에 대한 내용도 포함할 수 있다. 한국과 다른 국가들 역시 기업들의 사회적 책임을 강화하기 위하여 비재무적 정보 공개를 제도화하고 있는 추세이다. 따라서 기업은 사회적 책임을 다하려는 노력으로서 온실가스 배출권거래제 이행을 성실히 해야 할 필요가 있다.

재정적으로 비교적 여유가 있는 대기업에게 있어서 온실가스 배출권거래제의 이행은 부담거리이지만 하지 못할 일이 아니다. 하지만 영세한 중소기업에게 있어서 온실가스 배출권거래제의 이행은 하지 못할 부담거리일 가능성이 있다.

한국의 경우, 상당수의 중소기업들은 대기업(재벌그룹)들과 원·하청의 관계를 맺고 있다. 즉, 대기업들과 수평적 협력의 관계가 아닌 수직적 종속의 관계를 맺고 있다. 그렇기 때문에 하청의 관계에 있는 중소기업은 원청의 관계에 있는 대기업의 구매조건에 따라 제품을 생산하고 납품하고 있다. 여기서부터 문제가 발생할 수 있다. 동일한 업종에 종사하면서 원·하청의 관계를 맺고 있는 대기업과 중소기업이 동일하게 온실가스 배출권거래제 이행의 대상이라고 했을 때(물론 국가로부터 할당받는 배출권의 차이는 있겠지만), 대기업이 온실가스 배출량의 감축을 위해서 소요되는 비용의 부담을 중소기업에게 떠넘길 가능성이 있다.

예를 들어보자. 대기업 S는 중소기업 H로부터 전자부품 ABC를 이전까지 5만원에 구매하고 있었다. 그런데 온실가스 배출권거래제 이행에 대한 의무가 발생하면서 대기업 S는 온실가스 배출량 감축을 위해 많은 비용의 투자를 하였고, 그 투자로 인하여 경영부담이 발생한 대기업 S는 중소기업 H에게 전자부품 ABC의 납품가격을 4만원으로 하라고 요구하였다. 하지만 중소기업 H 역시 대기업 S와 마찬가지로 온실가스 배출량 감축을 위해 많은 비용을 지출하였고, 그로 인하여 동일하게 경영부담이 발생하였다. 대기업 S는 중소기업 H의 이러한 상황을 고려하지 않고서 지속적으로 낮은 납품가격을 요구하였다. 또한 그 납품가격을 받아들이지 않겠다면 거래를 중단하겠다고 통보하였다. 중소기업 H는 대기업 S와의 거래가 중단되면 도산할 수 있다는 판단에 울며 겨자를 먹는 심정으로 대기업 S의 나쁜 납품조건을 받아들였다. 그리고 중소기업 H는 구조조정을 계획하고 있다.

국가는 원·하청의 관계에 있는 대기업들과 중소기업들 사이에 온실가스 배출권거래제의 이행으로 인하여 불공정한 거래가 발생하지는 않는지를 면밀히 살피고 감독해야 한다. 그리고 불공정한 거래가 발생했다면 즉시 시정되도록 해야 한다. 만일 그렇게 하지 않는다면, 하청의 관계에 있는 중소기업들은 도산하거나, 직원들을 해고하거나, 경쟁력이 떨어지는 재화를 공급할 수밖에 없다. 결국, 여러 사회적 문제들이 발생되는 시발점이 될 것이다.

개인으로서 국민은 온실가스 배출권거래제가 잘 이행되고 있는지 정부의 역할과 기업들의 노력을 끊임없이 감독해야 한다. 그리고 필요하다면 투표, 소송, NGO[10] 활동, 소비자 주권운동 등의 실력행사를 해야 한다. 그럼으로써 정부와 기업들이 온실가스 감축목표를 달성하도록 하고, 사회적 문제들이 발생되지 않도록 하며, 그 외의 긍정적인 효과들이 시장에서 나타나도록 할 수 있다. 따라서 온실가스 배출권거래제의 성공을 위해서는 국가와 기업들뿐만 아니라 국민도 함께 노력해야 한다.

국가와 기업들, 국민은 앞서 제시한 내용들은 물론 그 외의 여러 노력들도 해야 한다. 이를테면 온실가스 배출권의 거래가 시장에서 원만하게 그리고 활발하게 이루어지도록 하는 '적정한 온실가스 가격의 형성' 노력이 바로 그 노력들 중 하나일 것이다. 그리고 국가와 기업들, 국민 외의 다른 주체들이 이해당사자가 되어 온실가스 배출권의 거래가 더욱 활성화되도록 해야 하고, 온실가스 배출권 거래시장이 타 시장과 관계를 맺으며 시너지 효과를 얻도록 해야 한다. 이러한 노력들이 있어야만 온실가스 배출권거래제는 지속가능할 것이고, 그 목표를 적기에 달성할 수 있을 것이다.

---

10) NGO는 Non-Governmental Organization(비정부기구)의 약어이다.

이산화탄소 포집 및 저장, 기후변화 이전의 대기 상태로!

07

CHAPTER

07 CHAPTER

이산화탄소 포집 및 저장, 기후변화 이전의 대기 상태로!

'신재생에너지 발전'이 온실가스의 발생량을 줄이는(혹은 온실가스가 애초에 발생되지 않도록 하는) 기술이라면, '이산화탄소 포집 및 저장'은 배출되는 온실가스를 없애거나 최소화하는 기술이다.[1] 단, 교토의정서에서 지목된 온실가스 6종 모두가 아니라 이산화탄소만을 그 처리의 대상으로 한다. 이산화탄소는 배출량 측면에서 현재의 기후변화에 가장 큰 영향을 미치고 있는 온실가스이기 때문이다.

이산화탄소 포집 및 저장은 기후변화를 대응하는 데 있어서 상당히 중요한 기술이다. 인류가 앞으로도 짧지 않은 기간 여전히 화석연료를 사용하여 온

1) 온실가스의 발생량은 온실가스의 배출량과 다소 다른 의미를 가진다. 온실가스의 발생량이 많으면 온실가스의 배출량이 많을 가능성이 높다. 그러나 온실가스의 발생량이 많음에도 불구하고 온실가스의 배출량은 없거나 적을 가능성이 있다. 그 이유는 온실가스의 발생량이 많다고 하더라도 배출설비 내에서 배출되려는 온실가스를 물리적 또는 화학적 처리를 해주면 온실가스의 배출량이 없어지거나 적어지기 때문이다. 반면에 온실가스의 발생량이 없거나 적다면 반드시 온실가스의 배출량은 없거나 적을 수밖에 없다. 따라서 '신재생에너지 발전'은 '이산화탄소 포집 및 저장'과 달리 온실가스의 발생량을 적게 하거나 없도록 하여 온실가스 배출량을 감축한다.

실가스를 배출할 수밖에 없는 상황 그리고 기후변화를 대응하기 위하여 온실가스 감축목표를 달성해야 하는 상황, 그 모두를 해결할 수 있는 기술이기 때문이다. 그래서 이산화탄소 포집 및 저장은 세계 각국 산업계에 널리 보급되어 적극적으로 활용될 필요가 있다. 그러나 기술적·경제적 문제들로 인하여 그리하기가 쉽지 않은 상황이다.

이산화탄소 포집 및 저장의 개념

발전소나 산업시설 등에서 발생하는 이산화탄소가 대기 중으로 배출되지 않도록 하는 최선의 방법은 배출설비에서 이산화탄소를 포집하여 처리하는 것이다. 이산화탄소의 포집은 용어 그대로 이산화탄소를 포집한다는 의미를 가지지만, 이산화탄소의 처리는 경우에 따라 두 가지 의미를 가진다. 하나는 저장 처리이고 또 하나는 활용 처리이다. 이산화탄소의 저장 처리는 이산화탄소를 일종의 폐기물로 취급하여 처리하는 개념이고, 우리에게 이산화탄소 포집 및 저장(CO_2 Capture and Storage, 이하 'CCS')[2]이라는 명칭으로 불리고 있다. 반면 이산화탄소의 활용 처리는 이산화탄소를 일종의 자원으로 취급하여 재활용 및 재사용하는 개념이고, 우리에게 이산화탄소 포집 및 활용(CO_2 Capture and Utilization, 이하 'CCU')이라는 명칭으로 불리고 있다([그림 7.1] 참고).

2) 이산화탄소를 포집하여 격리한다는 의미를 가지는 'CO_2 Capture and Sequestration'으로 쓰기도 한다.

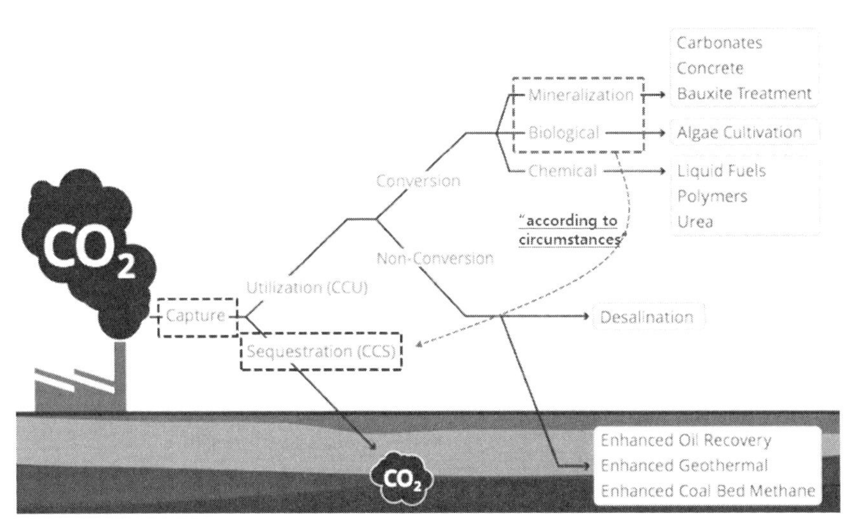

※본 그림은 원본을 부분 편집하여 인용함.

그림 7.1 이산화탄소의 포집 그리고 이후 처리방법들[137]

CCU는 개념적으로 CCS보다 장점이 더욱 크고 유용해 보인다. 그러나 충분한 경제성을 가지지 못하였고 기술의 확보도 완전히 이루어지지 못하였기 때문에 CCU는 CCS 이후의 차세대 기술이라고 말할 수 있다. 홍시현 기자는 2018년 5월 CCU에 대한 내용을 보도하면서, "CCU란 CO_2를 단순히 포집할 뿐 아니라 유용한 자원으로 재활용해 부가가치가 높은 물질로 전환하는 기술로 현재 CCS에 비해 기술 성숙도는 낮으나 최근 기술의 유용성으로 인해 연구가 활발히 진행 중에 있다."라고 말했다.[138] 이렇듯 CCU는 우리가 지향해 가야 하는 기술임에 틀림이 없지만, 아직 연구개발이 한창 진행되고 있는 비상용화 기술이기 때문에 현재 CCS를 주로 활용하고 있다.

CCS는 기술적으로 크게 이산화탄소를 '포집하는 기술' 그리고 '저장하는 기술'로 구성되어 있다. 이산화탄소를 포집하는 기술을 먼저 살펴보자. 이산화탄소를 포집하는 기술은 흡수(Absorption), 흡착(Adsorption), 분리(Separation), 광합성 생물의 이용(Biological), 그 외로 구분되며, 이산화탄소의 물리/화학적 특성을 이용하고 있다([그림 7.2] 참고).

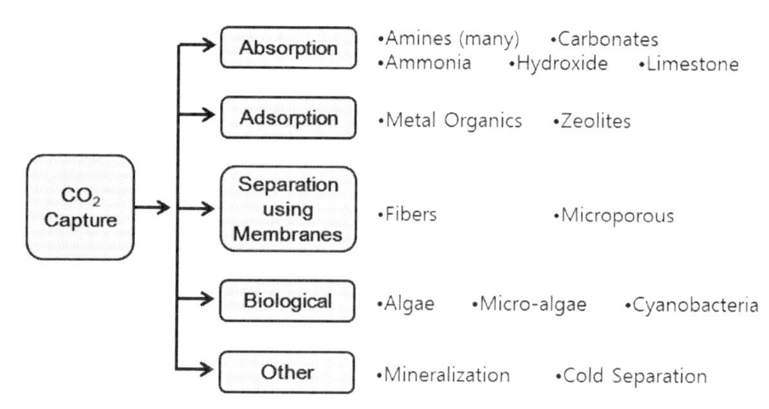

※본 그림은 원본을 참고하여 재작성함.

그림 7.2 이산화탄소를 포집하는 기술들[139]

이산화탄소는 상온에서 기체 상태로 존재하며, 산성을 띠고 기체 상태에서 무색·무취·무미이다. 그리고 분자의 형태가 직선형이며, 탄소 원자와 산소 원자 간의 길이가 1.62 Å 이다.3) 따라서 염기성 물질을 사용하면 이산화탄소를 흡수 반응으로 포집할 수 있고, 흡착성 물질을 사용하면 이산화탄소를 흡착 반응으로 포집할 수 있다. 또한 이산화탄소 분자의 크기보다 작은 구멍들을 가지는 멤브레인을 사용하면 이산화탄소만을 걸러내어 포집할 수 있다.

광합성 생물의 이용과 그 외는 이산화탄소를 포집하는 기술이지만, 이산화탄소를 저장하는 기술이기도 하고 또 이산화탄소를 활용하는 기술이기도 하

3) 이산화탄소 분자는 한 개의 탄소 원자와 두 개의 산소 원자들이 직선형으로 결합되어 있기 때문에 그 분자의 길이는 3.24 Å (= 1.62 Å ×2)이다.

다. 이산화탄소를 포집하기 위하여 조류(Algae)를 이용하고 있다고 가정해 보자. 조류는 수중에서 생육하고 광합성을 통하여 독립적인 영양생활을 하는 생물학적 구조가 단순한 식물로 우리에게 잘 알려져 있다. 광합성은 식물이 이산화탄소를 흡수하여 자신의 생장에 필요한 유기물과 산소를 만들어 내는 화학반응이다. 따라서 발전소나 산업시설 등의 배출구에 파이프라인을 연결하여 배출되는 이산화탄소를 조류에게 공급한다면, 조류는 그 이산화탄소를 흡수하고 광합성을 하여 자신의 생장에 필요한 유기물과 산소로 전환시킨다. 결과적으로 이산화탄소는 조류에 의해 포집이 됨과 동시에 저장이 되는 셈이다. 그런데 만일 우리가 이렇게 생장한 조류를 사용하여 바이오매스 에탄올이나 고부가가치 화학제품 등을 만든다면, 이산화탄소는 포집 및 저장이 됨은 물론 활용도 되는 셈이다.

다음으로 이산화탄소를 저장하는 기술을 살펴보자. 이산화탄소를 저장하는 기술은 이산화탄소를 저장하는 장소(혹은 대상)에 따라 구분되고, 그 장소는 해양(Ocean), 지중(Geological), 광합성 생물(Biological)이다. 이산화탄소를 저장하는 기술이 세 가지나 되는 이유는 각각의 장·단점이 있기 때문이다.

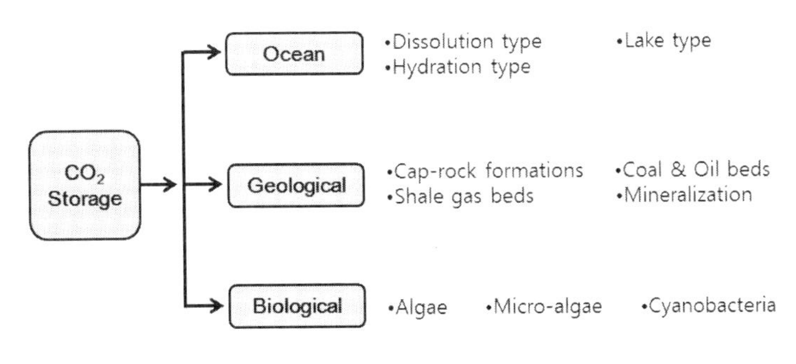

그림 7.3 이산화탄소를 저장하는 기술들

이산화탄소를 저장하는 기술은 이산화탄소를 포집하는 기술과 달리 CCS를 구분 짓는 기준이다. 그래서 CCS는 현재 '해양에서 처리하기(해양 CCS)', '지중에서 처리하기(지중 CCS)', '바이오매스와 연계하여 처리하기(광합성 생물 CCS)'로 구분된다.[4] 각각의 CCS가 가지는 장·단점은 각각의 이산화탄소를 저장하는 기술이 가지는 장·단점과 거의 동일하다. CCS 구분의 기준을 이산화탄소를 저장하는 기술의 구분으로 삼고 있기 때문이다.

해양에서 처리하기(해양 CCS)

해양에서 처리하기(이하 '해양 CCS')는 용어 그대로 포집된 이산화탄소를 해양에 저장하는 기술이다. 해양 CCS는 다른 CCS들보다 기술적 난이도가 비교적 낮기 때문에 기술을 상용화하여 활용하기가 수월하였다. 그래서 해양 CCS는 지중 CCS나 광합성 생물 CCS보다 먼저 활용되었다. 다만, 여기서 언급하고 있는 해양 CCS는 가스 상태나 액체 상태로 포집한 이산화탄소를 해양의 수중에 살포하여 저장하는 단순한 방식이다. 이산화탄소를 해양의 수중에 살포하여 저장할 수 있는 이유는 바로 이산화탄소가 물에 잘 녹는 성질을 가지고 있기 때문이다. 그래서 별다른 노력을 들이지 않아도 이산화탄소는 해양의 수중에 살포되면 자연스럽게 녹아 저장된다.

그러나 이러한 단순 살포 방식의 해양 CCS는 시간이 얼마 지나지 않아 심각한 문제들을 발생시켰다. 바로 '해양산성화'와 '저장 불안정성'이 그 문제

4) 바이오매스와 연계하여 처리하기(광합성 생물 CCS)는 학자들의 의견에 따라 CCU의 범주에 포함되기도 한다. 그러나 이 책에서는 바이오매스와 연계하여 처리하기를 CCS의 범주에 속하는 것으로 다루도록 하겠다.

들이다. 이와 관련하여 한국과학기술정보연구원은 2013년 11월 발간한 보고서 <다가오는 재앙, 지구온난화와 CCS의 역할>을 통해 다음과 같이 말했다. "심해에 이산화탄소를 주입하여 해수에 용해 또는 수화시켜 저장하는 해양저장의 경우, 기술적으로는 주입 깊이에 따라 주입된 CO_2 중 65~100% 정도가 100년, 30~85% 정도가 500년 동안 유지할 수 있다. 그러나 이 방법은 주입된 CO_2의 일부가 서서히 바닷물에 용해되어 산도를 높이는 가능성으로 인해 해양 생태계에 악영향을 미칠 수 있다. 이에 폐기물의 해양투기를 금지하는 국제협약인 런던협약에 의하여 현재 적용이 불가능하다."[140] 여기서 100년 또는 500년 동안 온전히 또는 부분적으로 저장 상태를 유지할 수 있다는 것도 사실은 매우 가변적이다. 현재의 기후변화가 계속되어 해양의 온도가 지속적으로 상승한다면 해양에 저장된 이산화탄소는 더욱 빠르게 대기 중으로 방출되기 때문이다.[5)]

[그림 7.4]에서 확인할 수 있는 'A-Method'가 바로 앞서 설명한 심각한 문제들을 가지는 해양 CCS이다. 'B-Method'는 해양산성화와 저장의 불안정성을 해결하기 위하여 개발된 기술이지만, 이 또한 그 문제들을 완전히 해결하지 못하였다. 뿐만 아니라 더욱 깊은 심해에 이산화탄소를 액체 상태로 전환하여 저장하기 때문에 소요되는 비용도 더욱 높고, 이산화탄소를 저장하기에 적합한 장소를 찾기도 쉽지 않다. 결과적으로 B-Method는 몇 가지 문제들이 더욱 가중된 방법이라고 볼 수 있다.

5) 비교적 높은 온도에서 코카콜라나 사이다와 같은 탄산수가 김이 쉽게 빠지는 현상을 생각하면 이해가 쉽다. 해양에 녹아 저장되어 있는 이산화탄소가 수온이 높아질 때, 대기 중으로 방출되는 현상은 비교적 높은 온도에서 김이 쉽게 빠지는 탄산수의 현상과 거의 유사하기 때문이다.

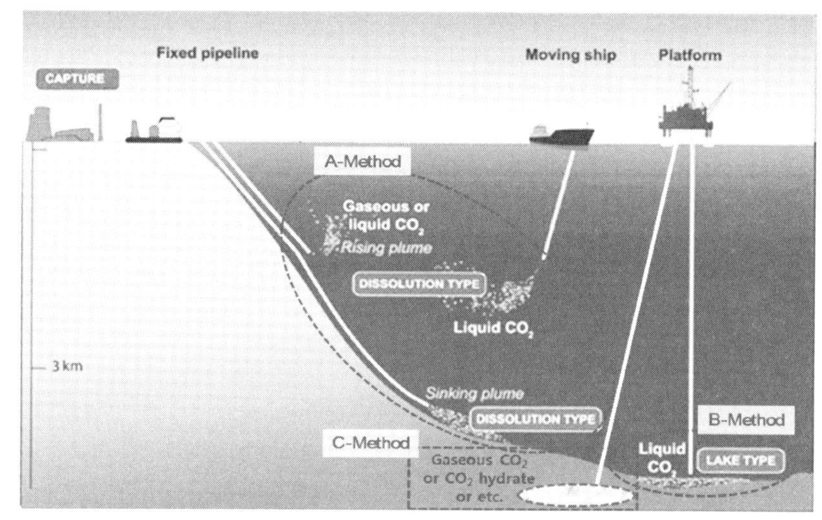

※본 그림은 원본을 부분 편집하여 인용함.

그림 7.4 해양 CCS의 개념[141]

'C-Method'는 A-Method와 B-Method의 문제들로 인하여 개발되었다. 해양의 지각에 이산화탄소를 기체 상태로 저장하는 방법, 하이드레이트(Hydrate) 상태로 저장하는 방법 등이 바로 C-Method에 해당한다. 이 방법들은 이산화탄소의 해양저장을 위한 요건 5가지를 모두 충족한다.6) 그렇기 때문에 해양산성화와 저장의 불안정성에 대한 해결은 물론 그 외의 문제들이 발생할 가능성이 극히 적다.

해양의 지각에 이산화탄소를 기체 상태로 저장하는 방법은 지중 CCS의 개념과 동일하다. 즉, 적합한 조건을 갖추고 있는 해양의 지각에 이산화탄소를

6) 이산화탄소의 해양저장(또는 지중저장)을 위한 요건 5가지는 다음과 같다. 첫째, 수백 년 또는 수천 년 동안 저장이 가능하여야 한다. 둘째, 수송비용을 포함하여 저장비용이 최소화되어야 한다. 셋째, CO_2 누출의 위험이 없어야 한다. 넷째, 환경영향이 최소화되어야 한다. 다섯째, 저장방법이 국가 또는 국제적 법규에 위배되지 않아야 한다.[140]

주입하여 저장하는 개념이다. 이 방법은 깊이 있게 생각해 보지 않아도 많은 비용이 소요되고 기술적 난이도가 높을 것이라 판단할 수 있다. 당연한 판단이다. 실제로 그러하다. 그럼에도 불구하고 이 방법이 관심을 받는 이유는 해양의 지각에 부존하는 자원의 채굴과 연계가 가능할 뿐만 아니라 지중 CCS보다 안정적으로 이산화탄소를 저장할 수 있기 때문이다.

예를 들어보자. D해양의 K지각에 천연가스가 약 500만t 매장되어 있다. 천연가스가 매장되어 있는 K지각은 한국의 영해에 속한다. 한국 정부는 천연가스를 사용하기 위하여 채굴 계획을 수립하기로 한다. 한국 정부는 현재 온실가스 감축목표를 달성하기 위하여 CCS를 심각하게 고려하고 있는 상황이다. 마침 K지각에서 천연가스를 채굴하고 나면 넓고 견고한 공간을 확보할 수 있다. 그래서 한국 정부는 K지각에서 천연가스를 채굴하고 동시에 이산화탄소를 저장하는 사업을 수행하기로 결심한다.

해양 심층부에 이산화탄소를 하이드레이트 상태로 저장하는 방법은 해양의 지각에 이산화탄소를 기체 상태로 저장하는 방법과 비슷한 상황에서 활용된다. 즉, 해양 심층부에 우리에게 유용한 자원이 존재하고 있을 때 경제성을 가질 수 있다. 이 방법은 이산화탄소를 하이드레이트 상태로 저장하기 때문에 이산화탄소를 기체 상태로 저장하는 방법보다 안전하고 안정적이다. 하이드레이트 상태는 운동성이 매우 낮은 일종의 고체 상태이기 때문이다.

하이드레이트는 물이 어떠한 화합물과 결합하면서 특정한 온도와 압력을 받게 되면 만들어지는 물질의 상태이다. [그림 7.5]를 보자. 해양 심층부에 존재하는 메탄은 온도 약 14℃ 이하, 압력 2.5~12MPa 이상이면 하이드레이트(CH_4-hydrate)로 만들어진다. 해양 심층부에 존재하는 이산화탄소는 온도 약 9℃ 이하, 압력 1~7MPa 이상이면 하이드레이트(CO_2-hydrate)로 만들어진다. 이러한 메탄과 이산화탄소의 성질을 이용한다면, 해양 심층부로부터 메탄 하이드레이트를 채굴할 때 그 장소에 이산화탄소를 주입하여 하이드레이트 상태로 저장할 수 있다. 그러나 이 방법 역시 시장에서 활성화되기 어렵다. 그 이유는 경제성이 비교적 낮기 때문이고, 이산화탄소를 하이드레이트 상태로 만들 수 있는 장소가 매우 한정적이기 때문이다.

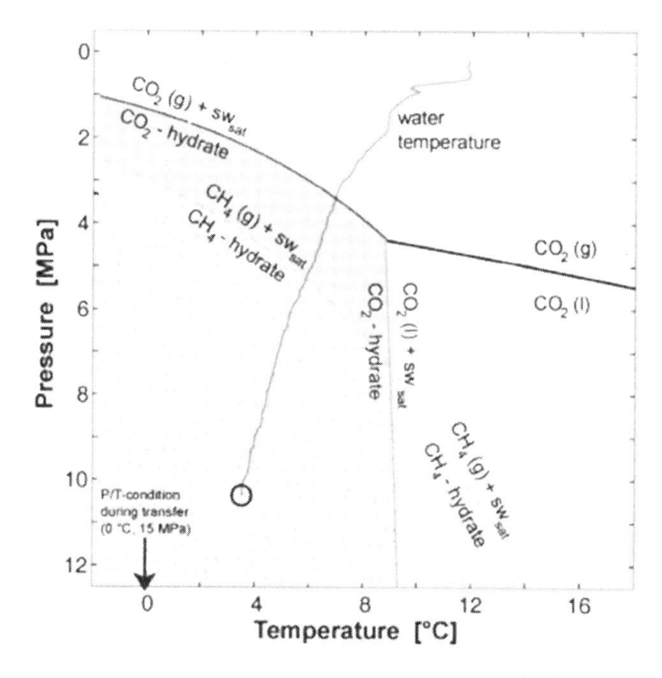

그림 7.5 하이드레이트가 만들어지는 조건[142]

지중에서 처리하기(지중 CCS)

지중에서 처리하기(이하 '지중 CCS')는 용어 그대로 포집된 이산화탄소를 지중에 저장하는 기술이다. 지중 CCS는 해양 CCS가 '해양산성화'와 '저장

불안정성', '낮은 경제성'의 문제들을 나타내면서 주목받기 시작했다. 지중 CCS 역시 해양 CCS처럼 여러 가지의 방법들이 존재한다. 그 방법들은 이산화탄소를 저장하는 장소(혹은 이산화탄소를 이용하는 목적)에 의하여 구분되고, '석유나 가스가 고갈된 저류암에 저장(Depleted oil and gas reservoirs)', '석유 회수에 이용(Use of CO_2 in enhanced oil recovery)', '심부의 대염수층에 저장(Deep unused saline water-saturated reservoir rocks)', '개발되지 않은 심부의 석탄층에 저장(Deep unmineable coal seams)', '석탄층의 메탄 회수에 이용(Use of CO_2 in enhanced coal bed methane recovery)' 등이 그 방법들에 해당한다([그림 7.6] 참고). 특히, 기술의 발달과 고유가의 지속으로 셰일오일 및 셰일가스의 개발이 활발해지면서 지중 CCS와 연계하려는 노력이 적극적으로 이루어지고 있다.

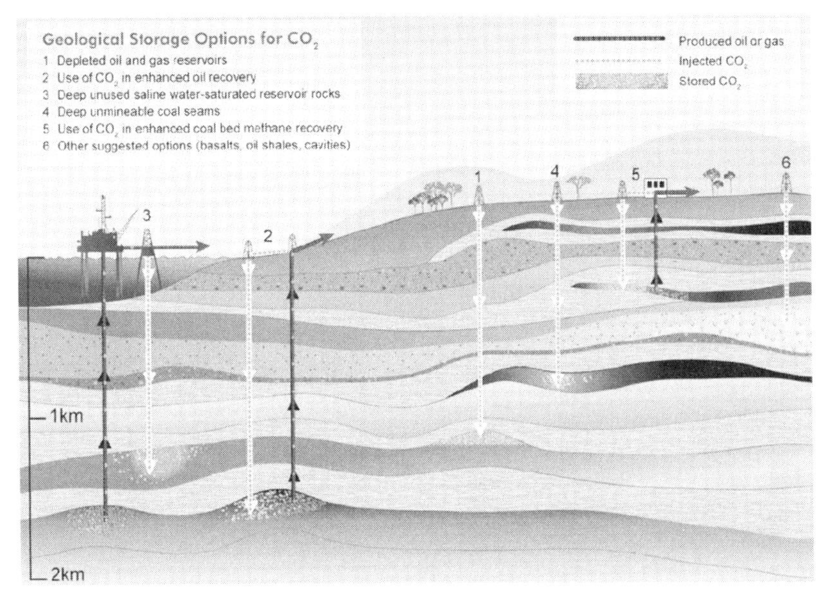

그림 7.6 지중 CCS의 개념[143]

지중 CCS는 크게 두 가지 목적을 가지고 진행된다. 첫째, 순수하게 이산화탄소만을 저장하기 위함이다. 둘째, 이산화탄소의 저장은 물론 자원의 채굴도 하기 위함이다. 석유나 가스가 고갈된 저류암 그리고 심부의 대염수층 등 빈공간이 있는 지층에 이산화탄소를 단순히 저장하는 방법은 '첫째'에 해당한다. 그러나 석유 회수에 이용 그리고 석탄층의 메탄 회수에 이용 등은 이산화탄소를 매장된 자원을 채굴하기 위하여 사용한 이후 저장하기 때문에 '둘째'에 해당한다.

지중 CCS의 모든 방법들은 각각의 장·단점이 있다. 먼저 순수하게 이산화탄소만을 저장하기 위한 지중 CCS의 방법들은 이산화탄소를 저장하기 위한 장소를 찾는 데 드는 노력이 적다. 그 이유는 매장된 자원을 채굴하면서 비게 되는 공간을 이용하기 때문이다. 그래서 정확한 위치와 지질학적 특징을 확인하기 위한 노력이 크게 소요되지 않고, 이산화탄소를 주입하기 위한 시추작업 등의 노력이 최소화될 수 있다. 반면에 자원의 개발과 함께 진행되는 지중 CCS의 방법들은 적합한 장소를 찾는 데 비교적 많은 노력이 소요될 수밖에 없고, 그 장소의 지질학적 특징을 면밀히 파악해야 하며, 시추작업도 처음부터 이루어져야 한다. 게다가 매장된 자원을 채굴한 이후 비어있게 되는 공간이 이산화탄소를 저장하기에 적합하지 않다고 판단될 경우 지중 CCS를 못할 수 있다는 위험도 있다. 그러나 이 방법들은 이산화탄소 저장만을 하기 위함이 아니라 매장된 자원을 개발한다는 목적도 가지고 있기 때문에 나름의 장점이 있다.

최근 지중 CCS로서 주목을 받고 있는 방법들은 아마도 '광물저장'과 '셰일오일 및 셰일가스 채굴의 이용'이 아닐까 싶다.

광물저장은 화학반응에 의하여 이산화탄소가 안정화된 상태로 광물의 일부가 되도록 하는 방법이다. 윤성택 교수 연구팀은 광물저장에 대해서 다음과 같이 언급한 바 있다. "Ca-사장석(anorthite)의 풍화반응을 예로 들면, Ca-사장석은 물 및 이산화탄소와 반응하여 고령석(kaolinite)과 방해석(calcite)을 생성한다. '$CaAl_2SiO_8 + CO_2 + 2H_2O = Al_2Si_2O_5(OH)_4 + CaCO_3$' 이 방법을 이용하면 이론적으로 주입되는 이산화탄소의 90% 이상을 저장할 수……(후략)."[24] 그러나 광물저장은 광물의 종류에 따라 차이가 있지만 대체적으로 오랜 반응 시간이 소요된다는 단점이 있다.

셰일오일 및 셰일가스는 비전통적(Unconventional) 에너지원으로서 오랜 세월 동안 모래와 진흙 등에 쌓여 단단하게 굳은 퇴적암층(셰일층)에 매장되어 있는 석유와 가스이다([그림 7.7] 참고). 전통적인(Conventional) 에너지원으로서 석유와 가스는 대부분 지표면 부근의 한 지점에 모여 있기 때문에 수직시추를 하여 비교적 손쉽게 채굴이 가능하다. 반면에 셰일오일 및 셰일가스는 퇴적암층 안에 갇혀 있기 때문에 수직 및 수평시추, 수압파쇄 등의 난이도가 높은 기술들을 사용해야 채굴이 가능하다. 즉, 채굴하는 데 많은 비용과 노력이 투입된다는 단점이 있다. 그럼에도 불구하고 기술의 발전과 고유가의 지속으로 인하여 경제성을 가지게 된 셰일오일 및 셰일가스는 세계 전 지역에서 활발하게 채굴되고 있다. 결국, 지금은 기존의 단점이 사라진 셈이다.

그러나 셰일오일 및 셰일가스의 채굴이 활발하게 이루어지면서 새로운 문제가 부각되기 시작했다. 그것은 바로 환경오염의 문제이다. 셰일오일 및 셰일가스를 채굴하기 위해 사용하는 수압파쇄는 퇴적암층까지 밀어 넣은 시추관으로 물(혹은 화학물질이 혼합된 수용액)을 주입하는 기술이다. 이때 주입된 물은 퇴적암층에 존재하는 셰일오일이나 셰일가스를 채굴하는 데 중요한 역할을 하지만, 지하수로 스며들면서 수질오염을 발생시킬 수 있다. 그래서 물 대신 이산화탄소를 사용하는 기술이 제시되고 있다. 수질오염의 걱정 없

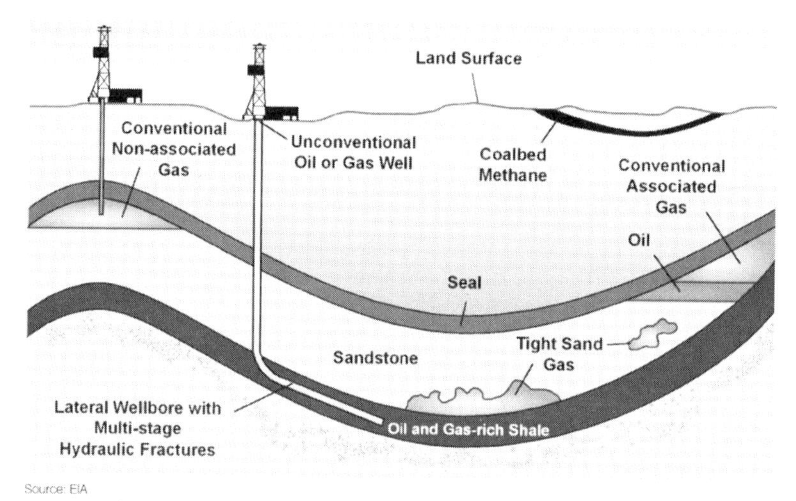

그림 7.7 셰일오일 및 셰일가스 매장지의 지질학적 특징[144]

이 셰일오일 및 셰일가스를 채굴할 수 있고, 또한 이산화탄소를 저장할 수 있다는 장점도 가지기 때문이다.

바이오매스와 연계하여 처리하기(광합성 생물 CCS)

바이오매스와 연계하여 처리하기(이하 '광합성 생물 CCS')는 사실 CCS의 범주보다 CCU의 범주에 속한다. 그러나 이산화탄소가 포집되고 저장되는 과정만 본다면 이것을 CCS로 칭하더라도 문제되지 않는다. 광합성 생물 CCS는 용어 그대로 광합성 생물을 이용하여 이산화탄소를 포집 및 저장하는 기술이다. 지구에서 살아가고 있는 거의 모든 식물들은 광합성을 하기 때문에 그 대상이 될 수 있겠지만, 해양에서 살아가는 조류7)가 광합성 생물 CCS

7) 조류는 Algae, Micro-Algae, Cyanobacteria 등 물속에 살면서 엽록소로 동화작용을 하는 하등 은화식물의 한 무리이다([그림 7.8] 참고).

를 위해 주로 사용된다.

광합성 생물 CCS를 위해서 주로 조류를 사용하는 이유는 크게 두 가지이다. 하나, 조류는 여타의 식물들보다 시·공간적인 측면에서 또 비용적인 측면에서 배양하기가 비교적 쉽다. 또 하나, 배양된 조류는 고부가가치의 제품들로 만들어질 수 있어 비교적 높은 경제성을 가진다. 이와 같은 조류의 장점들에 대해서 언급한 기사내용이 있다. 참고해 보자.

※출처 : wikipedia.org

그림 7.8 **조류의 모습**[145]

"미세조류 광배양은 일반 식물보다 10~20배 빨리 자라는 미세조류의 특성을 활용, 햇빛과 물, 이산화탄소를 공급해 이를 더 빠르게 키우는 것이다. 이산화탄소는 열병합발전소에서 나오는 배기가스를 처리하지 않고 직접 활용, 비용 및 에너지 투입을 최소화했다. 또 유리온실 내 밀집된 공간에 세로로 키울 수 있어 공간적·시간적 제약이 훨씬 적다는 것도 장점으로 꼽힌다. …(중략)… 미세조류에서 얻을 수 있는 원천물질을 가공하면 바이오에너지부터 플라스틱 등 다양한 형태로 가공도 가능하다. 당장은 경제성 측면에서 에너지보다 고부가가치인 생리활성물질 등의 의약품 생산을 목표로 삼고 있다. 하지만 원유에서 석유 외에도 다양한 화학제품을 만드는 것처럼 미세조류도 기술적 보강과 축적이 이뤄지면 다양한 범용물질을 만들 수 있을 것으로 보고 있다. 미세조류를 '또 하나의 석유'라 부르는 이유가 여기에 있다."[146]

광합성 생물 CCS는 해양 CCS와 지중 CCS에서 부각된 '경제성이 낮다'는 문제를 해결할 수 있기 때문에 차세대 기술로서 각광을 받고 있다. 그러나 그 문제는 고부가가치 제품들의 제조와 연계할 때 해결이 가능하다. 그래서 CCU 상용화 기술들의 확보가 광합성 생물 CCS의 활성화를 위해 중요하다. 현재 세계 각국은 광합성 생물 CCS만이 아닌 CCU를 위한 연구개발을 활발히 진행하고 있다. 머지않은 미래에 광합성 생물 CCS(어쩌면 CCU)는 이산화탄소를 저감하는 데 매우 큰 기여를 할 것이다. 게다가 지금의 석유계 제품들을 적지 않게 대체하여 환경문제의 발생을 최소화할 것이고, 고부가가치 신산업들을 발전시켜 국가 경제에 도움이 되도록 할 것이다.

[그림 7.9]를 보자. 광합성 생물 CCS는 일반적으로 발전소 혹은 산업시설의 배출구에 파이프라인을 직접 연결하고 배출되는 이산화탄소를 끌어와 조류 등의 광합성 생물에게 공급한다. 그래서 발전소 혹은 산업시설과 가까운 장소에 광합성 생물 양식장을 만든다. 이산화탄소가 배출되는 시설과 광합성 생물 양식장의 거리가 가까울수록 수송에 소요되는 비용은 적어지고, 이산화탄소의 손실과 열에너지의 손실도 최소화할 수 있다. 광합성 생물을 원료로 사용하여 고부가가치 제품을 제조하는 시설, 즉 CCU를 위한 고부가가치 제품 제조시설은 광합성 생물 양식장처럼 이산화탄소 배출시설과 반드시 가까워야 할 필요가 없다. 그러나 원료 수송비용을 절감하기 위해서는 너무 멀지 않은 장소에 그 제조시설을 두는 것이 바람직하다.

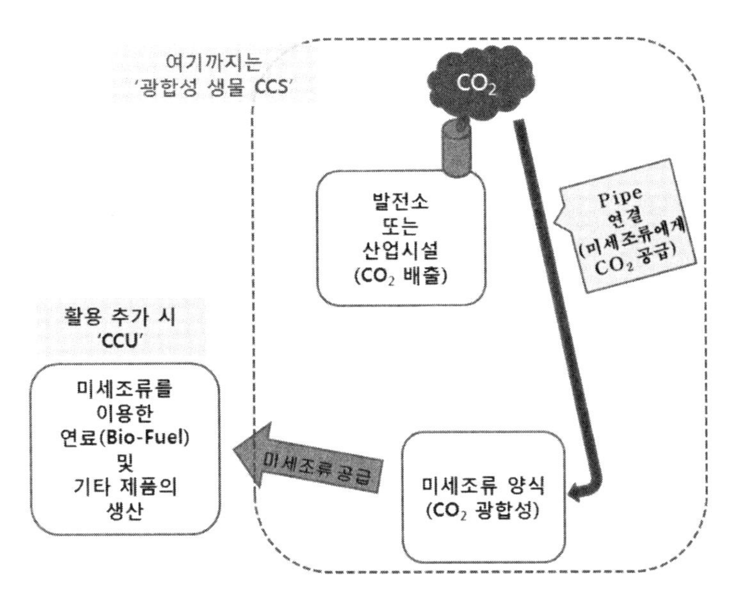

그림 7.9 광합성 생물 CCS 및 CCU의 개념

그린 어바니즘,
도시는 해결할 수 있을까?

08

CHAPTER

08 CHAPTER

그린 어바니즘, 도시는 해결할 수 있을까?

농촌은 쇠락해 가고 그 수도 급격히 줄어들고 있지만, 도시는 번성해 가고 그 수도 급격히 증가하고 있다. 즉, 사람들은 도시를 향하고 있다. 그 이유는 도시가 정치·경제·사회·문화의 중심이기 때문이다. 전 세계 대부분의 도시들은 포화되고 있고 또 팽창을 거듭하고 있다. 특히, 정치·경제·사회·문화의 힘이 큰 도시일수록 그러한 경향은 더욱 강하다.

도시에서는 각종 범죄의 발생, 에너지 부족, 환경오염 등 많은 문제들이 발생한다. 또한 현재의 기후변화가 발생하는 원인으로 지목되고 있는 열섬현상, 대량의 온실가스 배출, 녹지의 소멸 등도 도시에서 발생하고 있는 대표적인 문제들이다. 이러한 이유로 많은 연구자들은 "현재의 기후변화, 즉 지구온난화를 해결하기 위해서는 도시의 변화가 매우 중요하다."라고 목소리를 높이고 있다.

왜, 도시인가?

한국의 경우이다. 주요 도시들[1]에서 살아가고 있는 인구는 34,704,070명으로, 총 국가 인구의 69.61%이다. 반면에 주요 도시들의 면적은 16,019km^{2}로, 총 국토의 15.99%에 불과하다.[2] 따라서 한국 내 주요 도시들은 평균 2,166.43명/km^{2}라는 매우 높은 인구밀도를 나타낸다. 이러한 현상은 한국에서만 나타나는 현상이 아니라 모든 나라들에서 나타나는 공통적인 현상이다.

도시에 많은 사람들이 모여 살게 되면, 좁은 면적의 땅을 최대한 효율적으로 활용해야 하기 때문에 건물들은 고층화가 이루어진다. 그리고 그 도시에서 사용되는 에너지의 양은 비도시 지역보다 많아진다. 고층화되는 건물들이 많아질수록 도시는 더욱 많은 사람들을 수용할 수 있게 되고, 그렇게 더욱 많은 사람들을 수용한 도시는 더욱 더 많은 양의 에너지를 소비하게 된다.

다시 한국의 경우를 보자. 주요 도시들의 전력사용량은 105,208,679MWh로, 총 국가 전력사용량의 45.95%이다. 이것을 시민 1인당 전력사용량과 도시면적 1km^{2}당 전력사용량으로 환산해 보면 각각 3.03MWh/명과 6,567.73 MWh/km^{2}가 된다. 반면에 비도시 지역들의 그 수치들은 각각 8.17MWh/명과 1,470.08MWh/km^{2}로, 주요 도시들의 시민 1인당 전력사용량보다 높지만 주요 도시들의 도시면적 1km^{2}당 전력사용량보다 낮다.[3]

여기서 의문이 하나 생긴다. "주요 도시들의 총 전력사용량과 시민 1인당 전력사용량은 왜 비도시 지역들보다 낮을까?"가 바로 그것이다. 현대 도시의 이미지를 생각해 보자. 그 도시는 비도시 지역보다 '첨단의 기술들이 많이 적

1) 이 책에서 언급하고 있는 한국 내 주요 도시들은 서울특별시, 세종특별자치시, 인천광역시, 부산광역시, 대구광역시, 대전광역시, 광주광역시, 울산광역시, 경기도 이다.

2) 대한민국 통계청에서 2016년을 기준으로 조사한 결과이다.

3) 대한민국 통계청에서 2016년을 기준으로 조사한 결과이다.

용되어 있다'는 이미지가 떠오를 것이다. 그렇다. 도시에는 전력을 최대한 효율적으로 사용할 수 있도록 많은 첨단의 기술들이 적용되어 있다. 최첨단 고층건물의 경우에는 특히 그러하다. 또한 많은 양의 전력을 사용하고 환경오염물질들을 배출하는 산업시설들은 대부분 도시를 떠나 비도시 지역으로 이전되었다. 그리고 그 이전은 현재도 진행 중이다. 도시의 여러 법률들이 그렇게 되도록 제정되어 있기 때문이다. 그럼에도 불구하고 주요 도시들의 총 전력사용량과 시민 1인당 전력사용량이 이 정도로 나온다는 것은 결코 간과할 수 없는 사실이다. 그리고 우리는 한 가지 사실을 더 알아야 한다. 앞서 언급하지 못하였지만, 이동수단과 난방기구, 조리기기 등에 사용되는 휘발유, 디젤, 천연가스와 같은 화석연료는 비도시 지역보다 인구가 많이 모여 사는 도시에서 더욱 많이 소비되고 있다는 것을 말이다.

많은 사람들이 모여 살며 많은 양의 에너지가 소비되는 도시는 지구를 뜨겁게 하는 주요 요인이다. 고층의 스카이라인, 뿜어져 나오는 열기, 촘촘한 건물들, 인간 활동에 의해 발생되는 부유분진 등은 도시의 열섬현상을 일으킨다. 자동차와 버스, 택시, 그 외 교통수단들은 온실가스를 직접 내뿜고 있다. 주요 온실가스인 이산화탄소를 흡수하고 쾌적한 공기를 만들어주는 녹지의 감소도 도시가 뜨거워지는 데 적지 않은 기여를 한다. 우리의 교통 편의성을 위해서 아스팔트로 포장한 도로는 지구의 알베도를 낮추고 있다. 도시의 이 모든 것들은 결과적으로 현재의 기후변화가 발생하게 된 원인들인 셈이다.

"왜, 도시인가?"

이 질문은 우리가 현재의 기후변화를 대응하는 데 있어서 매우 중요하다. 그리고 우리가 인간 본성에 대한 이해를 하도록 하고, 우리가 미래의 세대를 위해서 어떠한 생활양식을 가져야 하는지를 고민하도록 한다.

지금 이 시점에서 우리는 "도시를 포기할 것인가? 아니면 도시로부터의 변화를 이끌어 낼 것인가?"라는 질문을 해야만 한다. 아마 극단적인 자연주의자들은 "도시를 포기하라"고 말할 것이다. 그러나 인류의 문명을 지속적으로 창달해가면서 미래의 세대에게 그 문명을 유산으로 남겨주고 싶은 대다수의 사람들 그리고 지금의 모든 편리함을 내려놓기 싫은 상당수의 사람들은 "도시로부터의 변화를 이끌어 내라"고 말할 것이다. 나 개인적으로는 후자가 전자보다 좋은 그리고 현실적인 방법이라고 생각한다. 우리는 이미 버리거나 포기하기 어려울 정도로 너무 많은 것들을 이룩해 놓았기 때문이다.

그린 어바니즘

"도시로부터의 변화를 이끌어 내라!"

그린 어바니즘(Green Urbanism)은 이 외침을 가장 잘 실현할 수 있는 방법이다. 그린 어바니즘은 자연(혹은 지구)을 함께 생각한다는 이미지를 품은 '그린'과 도시에서의 생활양식을 의미하는 '어바니즘'이 합해진 용어이다. 그래서 '자연을 함께 생각하는 도시에서의 생활양식' 정도로 그 의미를 이해하면 적당하다.

그렇다면 자연을 함께 생각하는 도시에서의 생활양식이란 무엇일까? 도대체 도시에서 어떠한 생활양식을 사람들이 가져야 현재의 기후변화를 대응할 수 있을까? 이 질문들은 선뜻 답변을 하기가 쉽지 않다. 그렇다고 해서 답변을 하지 못할 질문들은 아니다. 왜냐하면 그 답변을 위한 도시에서의 움직임들이 이미 나타나기 시작했기 때문이다. 적정한 녹지공간이 포함된 도시계획, 스마트그리드 및 마이크로그리드, 신재생에너지 발전, 산업시설에 CCS 적용, 친환경 대중교통수단, 좋은 환경을 보존하기 위한 법률들, 덜 사용하고

자원을 낭비하지 않는 행동들, 등등. 이 모든 것들이 현재 도시에서 나타나고 있는 그 움직임들이다. 바로 '그린 어바니즘'이다.

그린 어바니즘은 '기술이 해결할 수 있다!'라는 신념과 '인간은 욕심을 줄여야 한다!'라는 생각에 기반하고 있다.

도시에서 적정한 녹지공간을 확보하는 일은 우리에게 큰 의미가 있다. 녹지공간은 이산화탄소 흡수원의 역할을 수행할 뿐만 아니라 우리의 정서적인 부분 그리고 우리의 커뮤니티에 긍정적인 영향을 미치기 때문이다. [그림 8.1]을 보자. 미국 뉴욕시의 센트럴파크와 그곳에서 삶을 누리는 사람들의 모습이다.

※출처 : wikipedia.org

그림 8.1 도시의 녹지공간[147-149]

나는 싱그러운 녹지공간을 보면 아무런 이유 없이 기분이 좋아지곤 한다. 아마도 대부분의 사람들이 그러하리라 생각한다. 심리적으로 불안정한 사람에게 심리치료사가 추천하는 색이 있다. 바로 녹색이다. 이 녹색을 바라보고 있으면 복잡하고 힘든 감정이 물러나고 평온한 감정이 찾아오는 것을 느낄 수 있다. 그래서일까? 많은 사람들은 회백색 또는 강렬한 색의 도시보다 녹색이 풍요로운 도시를 선호한다. 우리가 녹지공간이 적정하게 확보되어 있는 도시에서 살고 싶어 하고, 그러한 도시에 높은 가치를 부여하는 이유는 바로 이 때문일 것이다.[4] 도시에 조성된 녹지공간은 사람들을 모이게 한다. 그리고 그 모여든 사람들은 자신들의 관심사와 취향 등에 따라 크고 작은 커뮤니티를 만든다. 그 커뮤니티는 도시를 더욱 활기차게 만들고 사람들을 더욱 유기적으로 엮어준다. 결과적으로 녹지공간은 사람들이 도시에서 살고 싶도록 하고, 건강하고 활기찬 도시를 만드는 데 기여를 한다. 물론 이산화탄소 흡수원으로서 녹지공간의 역할은 아주 기본적인 역할이기 때문에 여러 번 말하면 입만 아프다.

그러나 도시에 녹지공간을 적정하게 확보하는 일은 쉽지 않은 일이다. 인구밀도가 매우 높은 도시에서는 특히 그러하다. 그 이유는 바로 활용 가능한 토지면적의 제한과 고가의 토지비용 때문이다. 그리고 인간의 욕심은 그것들에 대해서 깊게 관여한다. 예를 들어보자. 서울특별시(이하 '서울')는 인구밀도가 매우 높은 도시들 중 하나이다. 그래서 활용 가능한 토지면적이 충분히 크지 않고, 토지의 가격도 다른 지역들보다 상당히 비싸다. 서울에서 토지를

---

4) 비도시 지역은 사방이 녹지로 가득하지만, 대다수의 사람들은 그 지역을 녹지공간이 적정하게 확보된 도시보다 선호하지 않는다. 비도시 지역은 절대적으로 많은 녹지를 확보하고 있다 할지라도 사람들이 중시하는 정치·문화·사회·경제를 위한 인프라들이 도시에 비해서 상당히 부족하기 때문이다.

소유하고 있는 사람이나 토지를 소유하고자 하는 사람은 서울이 최대한 개발되기를 바란다. 그래야만 서울에서 토지를 소유하고 있는 사람은 큰 이익을 얻을 수 있는 기회가 생기고, 서울에서 토지를 소유하고자 하는 사람은 그 토지를 소유할 수 있는 기회가 생기기 때문이다. 이러한 사람들의 이익추구 행위, 즉 순수 시장원리에 따른 사람들의 행위는 결국 서울이 적정한 녹지공간을 확보하는 데 걸림돌이 된다. 따라서 도시에 녹지공간을 적정하게 확보하는 일은 국가가 인간의 욕심을 제한하는 것으로부터 시작된다.

"스마트그리드란 전력시스템기술과 정보통신기술을 결합하여, 전력수급조건에 맞추어 전력시스템에 연결되어 있는 모든 자원을 관리해서 가장 효율적으로 전력을 생산·수송·소비하도록 해주는 시스템 최적화 기술을 말한다."[150] "기존의 전력시스템은 발전소에서 생산된 전기를 소비자에게 전달하는 단방향 구성이었다. 기존의 전력시스템에서 소비자들은 자급자족만 하였고, 전체 계통망에는 기여하지 않았다. 즉, 생산되고 남은 전기는 대부분 버릴 수밖에 없어 효율성이 떨어졌다. 하지만 기존의 소비자 중에서 직접 전기를 생산하여 공급자 역할까지 하는 프로슈머가 등장하였다. 마이크로그리드는 이들이 생산하는 전기에너지를 활용하여 전체 네트워크의 에너지를 극대화시키기 위한 기술로, 발전소에서만 전기를 생산하는 것이 아니라 양방향 송배전시스템을 바탕으로 다수의 프로슈머가 전력망의 전력생산을 맡게 되는 구조이다."[151]

앞서 인용한 내용들에서 알 수 있듯이 스마트그리드 및 마이크로그리드는 결국 에너지를 효율적으로 공급하고 사용하도록 만들어주는 일종의 시스템이다. 그리고 적용되는 범위의 측면에서 보았을 때 스마트그리드는 마이크로그리드를 포괄하는 개념이다. [그림 8.2]는 그 개념을 잘 보여주고 있다.

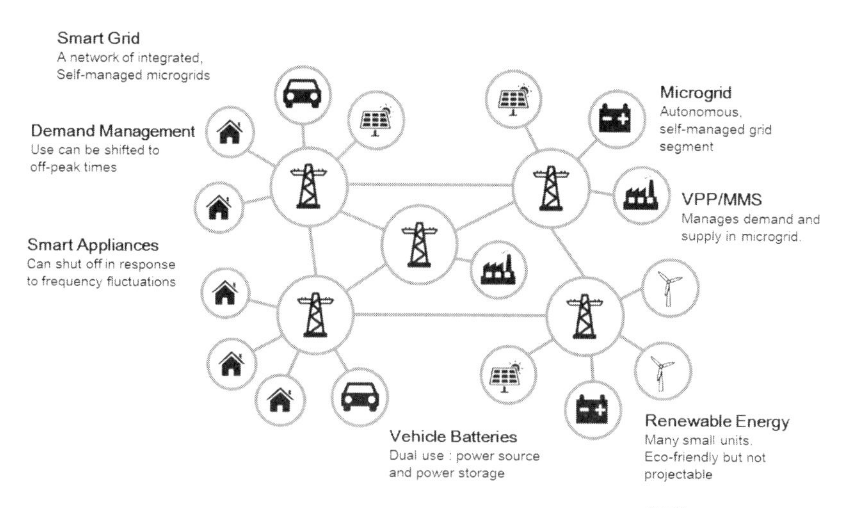

그림 8.2 스마트그리드 및 마이크로그리드의 개념[152]

스마트그리드는 '국가나 주 단위' 그리고 마이크로그리드는 '작은 마을이나 빌딩 단위'에서 에너지 수요와 공급에 대한 정보들이 매우 긴밀하고 유기적으로 공유될 수 있도록 네트워크를 구성해줌으로써 이루어진다. 그러나 높은 수준의 기후변화 대응용 스마트그리드 및 마이크로그리드를 위해서는 지능형 전력망 구성에 대한 기술만이 아니라 AI[5]와 IOT[6], 신재생에너지의 발전, 도시 및 건축물의 설계, 친환경 이동수단, 효율적인 물류체계, CCS, 환경오염방지시설 등 매우 다양한 최첨단의 기술들도 필요하다. 물론 사람들의 적절한 행동과 그 행동을 유도하는 법·정책 역시 스마트그리드 및 마이크로그리드를 위해서 중요하다. 스마트그리드 및 마이크로그리드가 도시에 적용

5) AI는 인공지능의 영어 표기인 Artificial Intelligence의 약어이다. 사람의 지능을 모방해서 만들었다 하여 인공지능이라 이름 지어졌으며, 인공지능은 사람의 지적인 부분에서의 노동을 보완하거나 대체할 것으로 예상되고 있다.

6) IOT는 사물인터넷의 영어 표기인 Internet of Things의 약어이다. 사물인터넷은 지능형 공장의 기반이 되는 기술이기도 하며, 사물들 간의 연결이 이루어져 우리의 삶에 매우 큰 편의를 제공할 것으로 예상되고 있다.

되면 불필요한 에너지의 소비는 줄어들고, 에너지의 효율을 극대화하며, 온실가스의 배출 및 열섬현상의 발생을 방지할 수 있다. 즉, 도시에서 살아가는 우리가 에너지의 소비를 중단하지 않고 현재의 기후변화를 아주 인간답게 대응하는 셈이다.

스마트그리드 및 마이크로그리드는 "현재의 기후변화를 기술로써 대응할 수 있다"는 기술주의적 입장이 강하게 반영되어 있다. "기술이 인간을 자유롭게 하리라!" 한국의 한 기업이 새로운 가전제품 브랜드를 출시하면서 선보인 광고 카피이다. 나는 스마트그리드 및 마이크로그리드를 생각할 때마다 이 카피로부터 영감을 받아 다소 엉뚱한 생각을 해본다. "기술이 기후변화를 해결하리라!" 바로 이렇게 말이다.

우리의 소비를 줄이는 행동, 즉 우리의 욕심을 절제하는 행동은 매우 중요하다. 이것은 현재의 기후변화를 해결하는 데 핵심적인 열쇠이다.

우리가 익히 알고 있는 그린 어바니즘의 외형적인 모습은 적정한 녹지공간의 확보, 고층의 건물들과 최적화된 교통체계, 효율적인 도시 공간의 배치, 신재생에너지 발전량 비중의 증대, 스마트그리드 및 마이크로그리드, 온실가스 및 환경오염물질들이 발생하지 않는 산업시설들, 편리성이 극대화된 대중교통, 높은 삶의 질을 영위하도록 하는 쾌적한 환경, 자원의 지속가능한 관리, 일과 삶의 적절한 안배가 이루어진 사회, 커뮤니티가 활발하게 이루어지고 있는 도시 등이다. 실제로 그린 어바니즘은 이러한 모습을 추구한다. 그렇지만 그린 어바니즘의 본질은 우리가 욕심을 줄이고 지구에서 살아가는 존재임을 자각하면서 행복한 도시 생활을 영위해가는 것이라고 말해도 무방하다. 거듭 언급하지만, 그린 어바니즘이란 "자연을 함께 생각하는 도시에서의 생활양식"이기 때문이다.

보이지 않는 손은 지구를 구하지 못할 것이다

09
CHAPTER

인류를 향한 경고,

기후변화

09 CHAPTER

보이지 않는 손은 지구를 구하지 못할 것이다

내가 박사학위 과정을 진행하고 있을 때였다. 당시 '기후변화정책'이라는 과목을 담당하시던 노교수님께서 이런 말을 꺼내신 적이 있다. "몬트리올의정서와 교토의정서의 차이는 무엇일까요? 많은 사람들이 평가하기를 몬트리올의정서는 상당한 성공을 거두었다고 하는 데 반해 교토의정서는 그렇지 못하다고 합니다. 여러분은 이미 그 의정서들을 비교하고 살펴보아서 알겠지만, 그 둘은 차이가 크지 않은 닮은꼴처럼 보입니다. 그렇다면 과연 이 둘의 차이는 무엇일까요?" 나를 포함한 많은 학생들은 노교수님의 질문에 명쾌한 답변을 내지 못하고 있었다.

인간의 본성에 대한 고찰

"기후변화 문제는 미래 세대를 위한 윤리의 문제입니다. 지금 당장 기후변화로 인하여 위기에 처한 사람들이 분명히 있지만, 지구 차원에서 보았을 때 사람들이 체감하는 위험은 뚜렷하지 않아 보입니다. 전 세계인들이 기후변화 문제에 대해서 주장하고 있는 바를 살펴보지요. '인류를 위해 지구를 구합시다!', '미래 세대를 위해 우리는 에너지 소비를 줄여야 합니다!', '미래를 생각합시다!' 사람들은 기후변화 문제를 바라봄에 있어서 현재의 상황보다 앞으로 닥쳐올 미래의 상황에 더욱 큰 우려를 표하고 있습니다. IPCC나 여러 연구기관들에서 발간하는 보고서들을 살펴보면, 현재 나타나는 위험의 분석보다 앞으로 맞닥뜨리게 될 위험의 예측 그리고 그 위험을 대처하기 위해 지금부터 우리가 취해야 하는 행동의 촉구가 더욱 비중이 큽니다. 미래 세대를 위한 윤리의 문제, 바로 이것이 기후변화 문제의 본질입니다."

몇 년 전 한 특강에서 강사가 나를 포함한 청중들에게 했었던 말이다. 나는 생각에 잠겼었다. '삶의 터전이 수몰될 위기에 처한 투발루의 국민들과 기후대가 변하고 있는 대한민국의 국민들은 과연 기후변화 문제를 어떻게 체감하고 있을까? 분명 다르지 않을까? 또한 화석연료를 판매하는 기업 그리고 화석연료를 사용하여 제품을 만드는 기업은 기후변화 문제가 자신들의 탓이라고 순순히 인정할까? 자신들의 화석연료나 제품을 더 이상 사용해서는 안 된다고 사람들에게 말할 수 있을까? …….' 바로 이러한 생각에. 기후변화 문제가 윤리의 문제라고 한다면, 인간은 윤리적인 행동을 기꺼이 할 것인가라는 질문을 해봐야 한다.

"인간은 어떠한 본성을 가진 존재일까?" 수천 년 전부터 우리 인류는 이 질문에 대해서 많은 고민을 해왔다. 그러나 아직까지 그 답을 명쾌하게 내리지 못하고 있다.

동양의 맹자(孟子)나 서양의 장 자크 루소(Jean Jacques Rousseau) 등은 인간의 본성을 선하다고 보았다. 맹자는 측은지심(惻隱之心)을 그 예로 제시하였는데, 사람은 다른 사람이 어렵거나 위험한 일에 처한 모습을 목격하게 되면 불쌍히 여기는 마음을 가지게 되어 도움을 준다는 것이다. 이때, 도움을 주는 사람은 도움을 받는 사람에게 자신의 영리를 위한 어떠한 요구도 하지 않는다. 그렇기 때문에 맹자는 "인간은 본래 선하게 태어난다"고 주장하였다. 장 자크 루소는 소설 <에밀>을 통해서 다음과 같이 주장하였다. "어린이는 자유롭게, 오직 자기의 소질에 따라서 항상 자기의 감정에 충실하게, 그리고 아주 자연스럽게 성장해야 한다. 이를 위해 모든 반(反) 자연, 이른바 관습과 규칙 등은 거부해도 좋다. 기독교의 원죄설마저 거부할 수 있다. 교육은 어디까지나 소극적인 역할을 하는 데 그쳐야 하며, 그 과제는 인간의 정상적 발달을 방해하는 모든 사회생활의 영향을 없애는 데 있다."[153] 즉, 인간은 본래 선하게 태어나지만 사회의 구성원으로 성장해 가면서 변하기 때문에 교육을 통해서 인간이 선한 자연성을 찾고 유지하도록 해야 한다는 주장이다.

동양의 순자(荀子)나 서양의 토마스 홉스(Thomas Hobbes) 등은 인간의 본성을 악하다고 보았다. 순자의 주장은 이러하다. "사람의 성품은 태어나면서부터 이(利)를 좋아하기 때문에 쟁탈이 생기고 사양함이 없어진다. 태어나면서부터 미워함이 있기 때문에 남을 해치는 일이 생기고 충신(忠信)이 없어진다. 태어나면서부터 이목(耳目)의 욕구가 있기 때문에 소리와 빛깔을 좋아하고, 그로 인하여 음란한 일이 생기고 예의와 조리가 없어진다. 그러므로 사람의 성품을 그대로 두어 정욕을 따르게 하면 반드시 쟁탈을 조성하여 등급명분(等級名分)을 어기고 사회질서를 파괴하며 폭동을 일으키게 된다. 이로써 사람의 성품이 악하다는 것은 분명하다."[154] 토마스 홉스는 "자연 상태에서 이기적 본성을 지닌 개인들은 자신의 이익을 한없이 추구하며 '만인에 의한 만인의 투쟁'을 전개한다"고 주장하였다.[155]

인간의 본성은 경험에 의해 생겨나는 것이라며 본유관념1)을 부정하는 사

1) 본유관념(本有觀念)은 태어나면서부터 가지는 본디의 관념이다. 즉, 선천적으로 타고나는 본성을 의미한다.

상가들도 있다. 존 로크(John Locke)가 바로 그 대표적인 인물이다.

선한 본성을 가지든, 악한 본성을 가지든, 백지와 같은 본성을 가지든. 어찌되었던 간에 우리는 사회의 구성원으로서 삶을 살아가는 인간이 자신에게 이익이 되는 행위를 선호한다는 사실을 부정할 수 없다. 맹자와 장 자크 루소는 인간은 선한 본성을 되찾기 위하여 교육이 필요하다고 주장했다. 순자 역시 인간은 악한 본성을 억제하고 사회의 구성원으로서 살아가기 위하여 교육이 필요하다고 주장했다. 토마스 홉스는 악한 인간의 본성 때문에 사회계약이 맺어지고 국가가 형성된다고 주장했다. 존 로크는 올바른 인간을 양성하기 위해서 교육이 필요하다고 주장했다. 인간의 본성에 대해서는 각기 다른 입장들을 피력하였지만, "인간이 사회에서 올바르게 살아가기 위해서는 적절한 교육과 제재가 필요하다"는 주장은 공통적이었던 셈이다.

기후변화 문제를 해결하기 위해서는 우선 이해당사자들의 이해관계를 깊이 있게 들여다보아야 한다. 그리고 인간의 본성에 대한 이해가 깊이 있게 이루어져야 한다. 거듭 말하지만, 기후변화 문제는 미래 세대를 위한 윤리의 문제이기 때문이다. 과연 인간은 윤리적인 행동을 기꺼이 할까? 그렇지 않다면 인간이 윤리적인 행동을 하도록 유도해야 하는 걸까? 만일 윤리적인 행동을 유도해야 한다면, 어떠한 노력이 필요할까?

서로 다른 이해관계

기후변화 문제의 해결은 인간 활동에 의해 배출되는 온실가스를 감축하는 것으로부터 시작된다. 여기서 우주적 현상 그리고 자연현상에 의해 발생되는 기후변화 문제는 배제한다. 온실가스의 감축은 지구적인 차원에서 매우 보편

타당한 행동이고 전 인류를 위해서 마땅히 해야만 하는 노력이다. 그러나 각 국가의 입장에서 또 각 기업(혹은 개인)의 입장에서 온실가스의 감축은 쉽게 결정하고 행동할 수 있는 사안이 아니다.

첫째, 러시아와 투발루를 생각해 보자. 두 나라는 현재의 기후변화가 인류에게 위협이 되고 있다는 사실을 인지하고 있고, 이 사실에 대해서 서로 이견이 없다. 그러나 기후변화를 대응하기 위한 행동을 취하는 데 있어서 러시아와 투발루는 차이를 나타낸다.

투발루는 남태평양에 위치한 작은 섬나라이다. 지구온난화로 해수면이 꾸준히 상승하고 있는 상황에서 해발고도가 낮은 작은 섬나라인 이 국가는 차츰 물에 잠겨가고 있다. 영토가 바다에 수몰됨으로써 국가의 존립 그리고 국민들의 생존 자체가 위태로운 상황에 처해 있는 셈이다. 그래서 투발루의 콜로아 타라케 전 총리와 모든 국민들은 국제사회에 현재의 기후변화를 해결하기 위한 적극적인 행동을 촉구하고 있다. 매우 절실하게 말이다.

러시아는 천연가스 매장량이 세계 2위인 국가이다. 세계적인 에너지기업 BP의 보고서에 따르면, 러시아의 천연가스 매장량은 1139.6TCF[2)]로 전 세계 천연가스 매장량의 17.3%이다(2016년 기준).[156] 뿐만 아니라, 원유와 석탄도 열 손가락 안에 들 정도로 많은 매장량을 가진 에너지자원 부국이다. 러시아는 천연가스를 포함한 에너지자원의 수출액 비중이 국가 총 수출액의 60~70% 정도로 높다.[157] 물론 러시아 국내·외의 정세에 따라서 매년 에너지자원의 수출액 비중이 달라지기는 하지만, 그 비중이 절대적으로 높다는 사실은 변하지 않는다. 이러한 러시아에게 있어서 천연가스를 비롯한 에너지자원의 소비를 대폭 줄여야 하는 기후변화 대응을 위한 행동은 쉽지 않은 일이

2) Trillion Cubic Feet의 약어로서, 천연가스 매장량을 나타내는 단위이다.

다. 러시아 국가 경제에 직접적으로 악영향을 미칠 수 있기 때문이다.

가뭄, 대형 산불, 폭우 등 기후변화로 인한 이상기상은 러시아에게 있어서도 해결해야 하는 문제이다. 그러나 투발루와 같이 국가의 존립이나 국민들의 생존에 직접적으로 위협이 되고 있는 문제는 아니다. 다른 측면에서 보면, 러시아는 현재의 기후변화로 인하여 일부 피해를 입기도 하지만 경제적 이익을 얻을 기회도 생기고 있다. 다음은 이와 관련된 에너지경제연구원의 연구보고서 내용이다. [그림 9.1]은 참고하기 바란다.

“2008년 1월 1일 현재 러시아 대륙붕의 1,376.7km에 대해 탄성파 탐사와 243번의 탐사시추 작업이 이루어졌다. 페초라해 대륙붕 지역에 대한 최근 탐사결과에 의하면, 동 지역에는 대부분 석유가 매장되어 있으며, 평균 수심은 50m, 매장지까지 깊이는 3~4km 정도이다. 탐사자원량이 평균적으로 1.6억 톤 정도 규모의 매장지가 11개 존재하는 것으로 조사되었다. 바렌츠해의 경우, 석유보다는 가스가 더 많이 매장되어 있으며, 탐사자원량이 평균적으로 19억 톤 규모의 매장지가 3개, 5.3억 톤 규모의 매장지가 10개, 1.6억 톤 규모의 매장지가 27개 각각 존재하는 것으로 나타났다.[3] …(중략)… 지구온난화로 북극해의 결빙 기간이 줄어들게 되면 북극해 연안 지역에서의 수송인프라 사업은 더욱 더 활기를 띠게 될 것이다. 또한 여기서 생산된 자원을 수송하기 위한 북극항로(Northern Sea Route)를 이용한 에너지 해상운송도 활성화 될 것이다.”[158]

3) 여기서 언급된 페초라해와 바렌츠해는 러시아의 영해에 속한다.

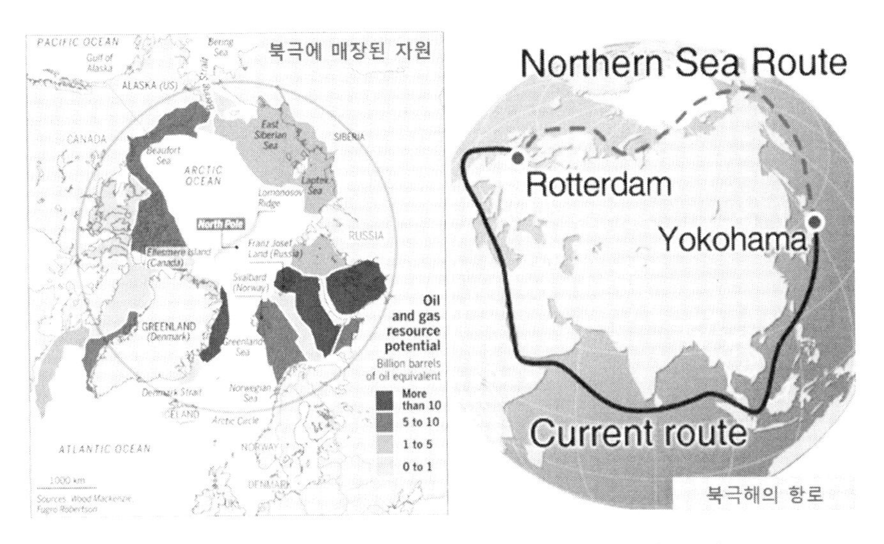

그림 9.1 북극에 매장된 자원 그리고 북극해 항로[159,160]

둘째, 기후변화 문제를 걱정하는 상당수의 시민들과 화석연료 기반의 산업을 영위하는 기업들(그리고 그 기업의 이해당사자들)을 생각해 보자. 기후변화는 과학적으로 입증되고 있는 사실이다. 세계 각국의 시민들은 기후변화 문제를 걱정하며, 이 문제의 해결을 위한 행동을 취할 것을 현재의 기후변화에 책임이 있는 기업들에게 요구하고 있다. 그리고 자신들이 속한 정부에도 그 기업들이 적극적으로 행동할 수 있도록 압박을 가하고 있다. 반면에 기후변화에 책임이 있는 석유회사들과 그 외의 기업들은 기후변화 대응이 자신들의 사업에 타격을 줄 것이라고 우려하여 기후변화를 부정하고4), 기후변화 대응을 위한 행동을 취하고 있더라도 적극적이지 않다. 미국의 석유회사 엑슨

4) 현재는 기후변화를 부정하는 기업, 단체, 개인이 많지 않다. 엑슨모빌 역시 과거에는 기후변화를 부정하는 대표적인 기업들 중 한 곳이었지만, 지금은 그렇지 않다. 물론 그렇다고 해서 기후변화 대응을 위한 노력을 기후변화에 책임이 있는 모든 당사자들이 적극적으로 또 자발적으로 하고 있지는 않다.

모빌(Exxon Mobil Co.)이 그 대표적인 기업이다.

엑슨모빌은 1979년부터 주요 석유회사들과 기후변화에 대한 정례적인 회의를 가져왔고, 기후변화가 과학적으로 증명 가능한 사실이라는 것과 기후변화가 향후 인류에게 부정적인 영향을 미치리라는 것을 인지하고 있었다. 그러나 엑슨모빌은 사업에 부정적인 영향이 미칠 것을 우려하여 기후변화를 부정하기 시작하였다. 특히, 기후변화 연구를 위해서 매년 900,000USD 정도의 연구비를 투자했었지만, 1983년 이후 그 연구비를 150,000USD 정도로 대폭 삭감하였다. 2000년대에 들어서면서부터는 상황이 더욱 악화되었다. 기후변화 연구에 대한 투자를 중단하였기 때문이다. 대신에 엑슨모빌은 기후변화를 부정하는 정치인들과 연구단체들에게 재정적인 후원을 하였고, "기후변화는 거짓이다."라는 왜곡된 인식을 많은 시민들에게 심어주려고 노력하였다.

이에 반해 상당수의 시민들(혹은 시민단체들)은 기후변화를 부정하는 기업들을 강도 높게 규탄하였다. 그리고 소비자로서 불매운동, 기업의 주주로서 주권행사, 유권자로서 정치적 실력행사 등을 적극적으로 행하였다. 즉, 그 기업들이 변화된 태도를 보일 수 있도록 노력하였다([그림 9.2] 참고). 이 시민들은 지구가 현재 우리의 터전임은 물론 미래 세대가 살아가야 하는 터전이라고 믿고 있다. 그래서 이들은 지구가 현재를 살아가는 우리에 의해 오염되거나 파괴되어서는 안 된다고 주장하며, 기후변화 대응을 위한 행동을 촉구하고 있다.

※출처 : 미국의 한 NGO 홈페이지

그림 9.2 엑슨모빌을 규탄하는 시민들[161]

셋째, 기후변화 대응기술을 충분히 확보한 국가와 그렇지 못한 국가를 생각해 보자.5) 독일은 기후변화 대응을 위하여 신재생에너지의 발전량 비중을 높이고 있는 대표적인 국가이다. 독일환경자연보호연맹의 리처드 메르그너(Richard Mergner) 대변인은 "독일에는 사업자가 재생에너지를 고정된 가격에 장기간 구입할 수 있도록 하는 등의 내용을 담은 신재생에너지법이 2000년 도입되었고, 그 결과 독일 뮌헨의 경우 신재생에너지로의 전환이 50% 정도 진행되었다. 2040년쯤에는 지열발전을 중심으로 지역난방을 100% 신재생에너지로 공급하는 목표를 갖고 있다."라고 말했다.[162] 독일은 신재생에너

5) 국가가 아닌 기업(혹은 단체)이어도 무관하다.

지 발전에 필요한 여러 기술들을 개발하는 데 많은 노력을 해왔으며, 지금도 그 노력을 지속하고 있다. 그 결과 독일은 화석연료를 사용한 발전방식을 전면 대체할 수 있는 기술들을 확보하였고, 실제로 그 기술들을 일상에서 사용하고 있다. 반면에 인도는 기후변화 대응기술을 충분히 확보하지 못한 상황이고, 신재생에너지의 발전량 비중을 대폭 높이기에 어려움이 있는 상황이다. 따라서 기후변화를 대응하는 데 있어 독일과 인도는 서로 다른 목소리를 낼 수밖에 없다. 두 나라 모두 "기후변화 문제는 반드시 해결해야 한다"는 공통된 인식을 가지고 있을 지라도 말이다.

'보이지 않는 손'의 한계

기후변화를 대응하기 위한 공동의 노력이 이루어지기 어려운 이유는 바로 당사자들의 서로 다른 이해관계 때문이다. 그들 모두는 분명 기후변화를 대응하기 위한 노력이 필요하다는 인식을 가지지만, 그 노력을 행하는 데 있어서 상당한 입장차를 가진다. 거듭 말하지만, 그 이유는 바로 서로 다른 이해관계를 가지기 때문이다. 그래서 "사익의 추구는 공익을 낳는다."라는 애덤 스미스의 주장은 기후변화 문제를 해결함에 있어서 적절치 않아 보인다.

현재의 기후변화는 각 개인, 기업, 국가가 자신의 사익을 충실하게 추구한 결과이다. 그렇기 때문에 사익을 달성한 정도(혹은 사익을 달성하고자 노력한 정도)에 따라 각 개인, 기업, 국가는 현재의 기후변화에 기여가 다를 수밖에 없고 그 책임 역시 다를 수밖에 없다. 이러한 상황에서 현재의 기후변화에 기여가 큰 개인, 기업, 국가가 그렇지 않은 개인, 기업, 국가에게 같은 책임을 지자고 주장하는 것은 분명 합리적이지 않다.

화석연료 사용의 제약(혹은 온실가스 배출량의 감축)은 기후변화에 책임이 거의 없거나 적은 당사자들이 사익을 추구하는 데 걸림돌이다. 현재 그들은 화석연료의 사용을 대체하는 기술과 온실가스 배출량을 감축하는 기술 등을 충분히 확보하지 못한 상황이기 때문이다. 그리고 그 기술들을 확보하는 데 필요한 돈과 인프라도 충분히 갖추지 못한 상황이기 때문이다. 그래서 그들은 기후변화 대응을 위한 행동에 적극적이지 않다. 상황이 이렇다고 해서 기후변화에 책임이 있는 당사자들이 그렇지 않은 당사자들에게 많은 비용을 투자하여 개발한 그 기술들을 도의적으로 이전해줄 일도 만무하다. 그 이유는 그 기술들이 각 당사자들의 이익에 큰 기여를 하기 때문이다. 이 뿐만 아니라, 현재의 기후변화가 각 나라에게 서로 다른 영향을 미친다는 것도 전 세계가 한 마음으로 기후변화 대응을 위한 노력을 하는 데 걸림돌이다. 앞서 예로 들었던, 투발루와 러시아의 경우처럼 말이다.

보이지 않는 손, 즉 시장원리가 작동되는 시장은 현대 사회에 많은 긍정적인 영향을 미쳤다. 사회적 합의가 이루어진 범위 내에서 각 개인의 사익 추구는 경제를 성장시켰고, 기술을 진보시켰으며, 문명을 발전시켰다. 현대 사회에서 우리가 누리고 있는 이 모든 것들은 보이지 않는 손이 영향을 미친 결과다고 말하더라도 과언이 아니다. 그러나 기후변화 문제를 해결함에 있어서 만큼은 전혀 그러하지 못하다. 보이지 않는 손이 기후변화 문제를 해결하는 데 걸림돌이 되고 있는 셈이다.

몬트리올의정서는 무엇이 다른가?

몬트리올의정서는 기후변화 문제를 다루는 학자들 사이에서 종종 언급되는 국제협약으로, '오존층을 파괴하는 원인물질의 규제'를 주요 내용으로 하고 있다. 오존층 파괴에 대한 문제는 1974년 셔우드 롤런드(Sherwood Rowland) 박사에 의해 본격적으로 제기되었다. 당시 그는 상업용으로 널리 사용되던 염화플루오린화탄소(Chloro Fluoro Carbon, 이하 'CFC')가 상당량 성층권으로 이동한 후 성층권의 오존과 화학반응을 하여 오존층을 파괴한다는 연구결과를 발표했다. 그리고 오존층이 파괴되면 유해한 자외선이 지구로 여과 없이 들어오게 되어 인류를 포함한 모든 생명체들이 피부암이나 백내장, 예상치 못한 질병들을 겪게 될 것이라고 경고했다. 이 문제가 국제사회의 주요 관심사가 된 이후 유엔환경계획은 1981년 오존층 보호를 위한 실무단을 구성했고, 1983년 오존층 보호를 위한 협약 초안을 마련했다. 1985년 세계 각국은 비엔나에 모여 오존층 보호를 위한 비엔나협약을 채택했다.[163] 그러나 비엔나협약은 선언적인 협약에 불과하여 실효성 있는 규제에 대한 내용들을 포함하지 못했다. 그래서 비엔나협약의 내용이 구체화된 몬트리올의정서가 1987년 채택되었고 1989년 발효되었다.[164]

몬트리올의정서는 세계 각국의 적극적인 협조 및 이행으로 'CFC의 사용금지'라는 소기의 목표를 성공적으로 달성하였다. 물론 오존홀[6]의 크기는 여러 복합적인 원인들로 인하여 현재까지 줄어들지 않고 있다. 아니! 오히려 커졌다([그림 9.3] 참고). 그러나 당시 오존층 파괴의 주요 원인물질로 지목된 CFC는 1989년 발효된 몬트리올의정서에 의해 단계적 감축되었고, 2010년에 와서 그 사용이 완전히 금지되었다.

---

6) 오존홀(Ozone hole)은 오존층 파괴 등의 이유로 극지방의 성층권 내 오존의 양이 급격히 감소하여 오존층에 구멍이 난 것처럼 보이는 현상이다.

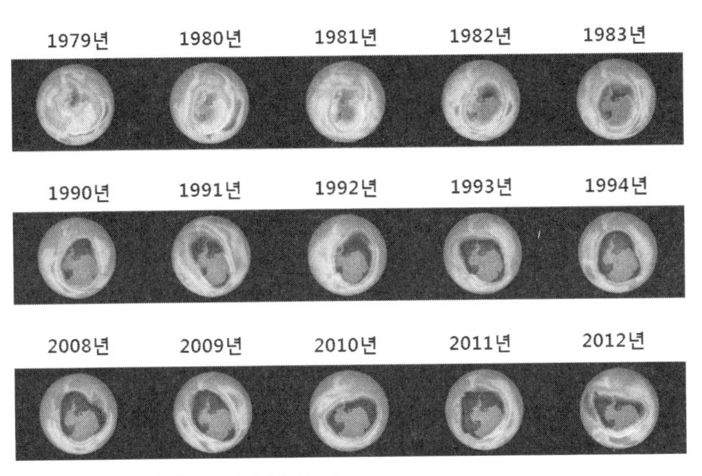

※출처 : NASA Goddard Space Flight Center

그림 9.3 위성으로 촬영한 오존홀[165]

세계 각국 그리고 모든 이해당사자들은 몬트리올의정서에서 규제하는 CFC를 전면 사용금지하였고, 대체기술을 신속하게 개발하였다. CFC를 제조했거나 사용했던 기업들은 초기에 CFC가 오존층을 파괴한다는 사실을 쉽게 인정하지 않았고 또 몬트리올의정서 이행에 반발하였다. 그렇지만 추후에 그 사실을 인정하였고 몬트리올의정서를 적극적으로 이행하였다. 그래서 몬트리올의정서는 매우 성공적으로 이행된 국제협약으로 평가되고 있다. 반면에 기후변화 문제는 그러하지 못하다. 교토의정서와 파리협정 모두 채택, 발효, 이행되는 데 있어서 어려움을 겪었고 또 겪고 있는 중이다.

두 국제협약의 차이점은 무엇일까? 우선은 형식적인 측면에서 살펴보자. 두 국제협약은 매우 흡사하다. 그 차이점을 찾는 것이 어렵게 느껴질 정도이다. 어쩌면 기후변화협약은 오존층 보호에 관한 협약을 벤치마킹했을지 모른다는 생각마저 든다. 다음은 내용적인 측면에서 살펴보자. 각 국제협약이 규제하는 화학물질은 서로 다르다. 그렇지만 "인위적으로 만들어진 특정 화학물질의 사용은 지구를 오염시키고 환경을 파괴하여 인류를 위태롭게 하기 때문에 그것의 사용을 규제해야 한다. 그리고 모든 국제사회의 일원들은 한마음으로 또 적극적으로 국제협약을 이행해야 한다."라는 본질적인 내용은 두 국제협약 모두 동일하다.

"형식적인 측면과 내용적인 측면이 상당히 닮은 이 국제협약들은 왜 채택, 발효, 이행되는 과정에서 전혀 다른 상황들이 연출되었을까? 특히, 이행되는 과정에서 몬트리올의정서는 성공적이었다는 평을 받고 있는 데 반해 교토의정서나 파리협정은 그러하지 못하다는 평을 받고 있는 걸까?" 이 질문은 매우 어렵고 복잡하지만, 그래도 답변을 하자면 "오존층 파괴로 인한 위협은 전 세계인들이 모두 심각하게 느끼고 있었던 데 반해, 기후변화로 인한 위협은 전 세계인들이 각기 다르게 느끼고 있기 때문"이다.

[그림 9.4]를 보자. 오존층이 파괴되면 자외선에 의해 인간이 입는 피해이다. 전 세계인들은 이러한 피해를 직접 목격하면서 당장 지금부터 오존층 파괴를 막아야 한다고 주장했으며, 몬트리올의정서가 채택되고 발효 및 이행되는 데 영향력을 행사했다. 그 결과, CFC의 사용은 지구상에서 금지되었다. 그러나 기후변화 문제는 다르다. 해수면 상승, 극심한 가뭄, 폭염, 폭우, 강력한 태풍 등 지구온난화로 인하여 발생되는 이상기상들은 인류에게 막대한 피해를 입히고 있지만, 전 세계인들이 모두 그 피해를 입고 있지는 않다. 왜냐하면 그것들은 국지적으로 발생하고 또 각 지역에 따라 강도가 다르게 발생하기 때문이다. 그래서 기후변화 문제로 인한 위협을 느끼고 있지 못하는 적지 않은 사람들은 기후변화 문제를 미래 세대를 위한 윤리의 문제로 치부하고 있으며, 자신들의 이해관계를 따지면서 행동하고 있다. 교토의정서나 파리협정이 몬트리올의정서처럼 성공적으로 이행되지 못하는 이유가 바로 여기에 있다.

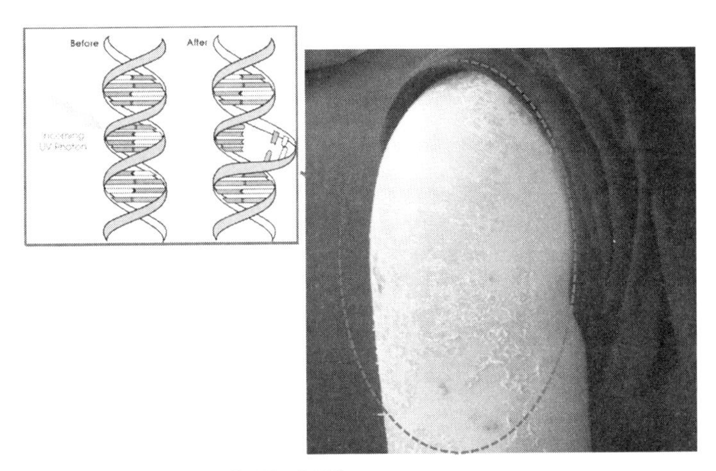

※출처 : NASA & wikipedia.org(그림 재구성)

그림 9.4 오존층 파괴로 인한 피부손상[166,167]

보이지 않는 손은 지구를 구하지 못할 것이다

우리는 기후변화 문제를 해결하기 위해서 많은 노력들을 하고 있다. 녹색 기술 개발, 온실가스 배출권거래제 도입, CCS 적용, 그린 어바니즘, 기후변화협약 이행 등. 그러나 그 노력들이 충분히 빛을 발하고 있지는 못하다. 누군가에게는 지금 당면한 위협이지만 또 누군가에게는 기우(杞憂)에 불과하다고 여겨지는 것이 바로 기후변화 문제이기 때문이다. 즉, 전 세계인들 모두가 기후변화 문제를 지금 당장 내가 처한 문제로 생각하지 않기 때문이다.

이와 같은 상황에서는 모든 당사자들이 기후변화 문제를 함께 해결하도록 하기가 어렵다. 그리고 각자의 이해관계에 따라서 행동하기가 쉬워진다. 미국의 파리협정 탈퇴와 온실가스 배출권거래제에 대한 불만을 가진 다수의 기업들이 정부를 대상으로 제기한 소송 등이 바로 그 대표적인 사례들이다.

시장원리에 의해서는 기후변화 문제를 해결할 수 없다. 한 국가 내에서도 그러하고, 국제사회 내에서도 그러하다. 국제사회는 모든 국가들이 기후변화 문제를 자국이 처한 문제처럼 생각하도록 또 행동하도록 해야 하며, 국가는 모든 단체 및 개인들이 기후변화 문제를 자신이 처한 문제처럼 생각하도록 또 행동하도록 해야 한다. 반드시 그래야 한다. "보이지 않는 손은 지구를 구하지 못할 것이다." 기후변화 문제를 생각함에 있어서 이 말은 항상 염두에 두자.

EPILOGUE

“시작도 끝도 인간이다.”

이 책을 마무리하면서 여러분에게 내가 하고 싶은 말은 바로 이것이다.

인간의 활동으로 현재의 기후변화가 시작되었고, 그로 인하여 인간은 위험에 처하게 되었다. 기후변화를 해결하는 방법은 인간이 지금보다 욕심을 덜고 기술들을 최소한으로 이용하는 것이다. 그리고 그 기술들은 친환경적이어야 한다. 결국, 우리가 지금까지 이룩한 것들을 적지 않게 포기해야 한다는 말이다. 그러나 모든 사람들이 그러지 못하고 있어 기후변화 해결은 어렵기만 하다.

기후변화의 원인, 기후변화의 피해, 기후변화의 해결, 이 모두는 인간과 밀접한 관련이 있다.

“시작도 끝도 인간이다.”

이 말을 우리 모두가 가슴 속에 깊이 새겼으면 한다.

그렇게 된다면 우리에게 기후변화는 해결하기 수월한 문제일지 모른다.

2019년 어느 봄날

김포시 유현마을에서

참고자료

[1] 이광식(2015). 金보다 10배 비싼 '운석'의 모든 것. 나우뉴스 : 12월 24일.

[2] https://en.wikipedia.org/wiki/Impact_event#/media/File:Impact_event.jpg

[3] https://upload.wikimedia.org/wikipedia/commons/1/1f/Pinatubo_ash_plume_910612.jpg

[4] http://terms.naver.com/entry.nhn?docId=1071695&cid=40942&categoryId=32299

[5] http://terms.naver.com/entry.nhn?docId=1262317&cid=40942&categoryId=34586

[6] Hegerl, G.C. · Zwiers, F.W. · Braconnot, P. · Gillett, N.P. · Luo, Y. · Marengo Orsini, J.A. · Nicholls, N. · Penner, J.E. · Stott, P.A.(2007). Understanding and Attributing Climate Change. In: Climate Change 2007: The Physical Science Basis. Contribution of Working Group I to the Fourth Assessment Report of the Intergovernmental Panel on Climate Change [Solomon, S. · Qin, D. · Manning, M. · Chen, Z. · Marquis, M. · Averyt, K.B. · Tignor, M. · Miller, H.L.(eds.)]. Cambridge University Press, Cambridge, United Kingdom and New York, NY, USA.

[7] 유네스코한국위원회(2012). 기후변화 교육 길잡이. 황혜진 번역.

[8] 권원태(2009). 기후변화의 과학적 이해. 지식의 지평. 6. pp. 57-81.

[9] 권현한 · 문영일(2008). 기후변동성과 기후변화. 물과 미래. 제41권 제6호. pp. 68-74.

[10] http://terms.naver.com/entry.nhn?docId=1002353&cid=42443&categoryId=42443

[11] http://terms.naver.com/entry.nhn?docId=3338207&cid=47324&categoryId=47324

[12] http://terms.naver.com/entry.nhn?docId=958465&cid=47312&categoryId=47312

[13] https://ko.wikipedia.org/wiki/밀란코비치_주기

[14] http://blog.naver.com/staryoorang/220007445463

[15] https://en.wikipedia.org/wiki/Milankovitch_cycles

[16] http://terms.naver.com/entry.nhn?docId=982332&cid=42456&categoryId=42456

[17] http://sites.gsu.edu/geog1112/solar-radiation-seasons

[18] http://terms.naver.com/entry.nhn?docId=1080791&cid=40942&categoryId=32298

[19] http://terms.naver.com/entry.nhn?docId=3568335&cid=58949&categoryId=58983

[20] http://terms.naver.com/entry.nhn?docId=1135487&cid=40942&categoryId=32229

[21] http://inhabitat.com/ontario-greenhouses-could-lose-10m-because-of-new-

cap-and-trade-rules/greenhouse/
[22] http://blog.naver.com/waterforall/120119356544
[23] 홍기훈(1991), 1백년 후엔 해안선이 20km 후퇴할지도, 과학동아, 5월호, pp. 70-73.
[24] 채기탁 · 윤성택 · 최병영 · 김강주 · Shevalier, M.(2005), 이산화탄소 저감을 위한 지중처분기술의 지구화학적 개념과 연구개발 동향, 자원환경지질, 제38권 제1호, pp. 1-22.
[25] http://terms.naver.com/entry.nhn?docId=914124&cid=42455&categoryId=42455
[26] https://www.tes.com/lessons/wJrKmtlcNhAy3w/albedo
[27] 국립산림과학원(2013), 주요 산림수종의 표준 탄소흡수량 : 정부 3.0 국민의 눈높이에 맞춘 표준 탄소흡수량.
[28] https://www.thinglink.com/scene/698241129727918080
[29] http://socialforest.org/en/co2-2
[30] http://terms.naver.com/entry.nhn?docId=794588&cid=46636&categoryId=46636
[31] https://en.wikipedia.org/wiki/Urban_area#/media/File:Ginza_area_at_dusk_from_Tokyo_Tower.jpg
[32] https://en.wikipedia.org/wiki/Traffic_congestion#/media/File:Trafficjamdelhi.jpg
[33] http://atmos.or.kr/archives/630
[34] 현윤경(2017), 교황 "북핵, 이권다툼 존재하는 듯"…"기후변화 부정, 어리석어"(종합), 연합뉴스 : 9월 12일.
[35] Somerville, R. · Treut H.L. · Cubasch U. · Ding Y. · Mauritzen C. · Mokssit A. · Peterson T. · Prather M.(2007), Historical Overview of Climate Change. In: Climate Change 2007: The Physical Science Basis. Contribution of Working Group I to the Fourth Assessment Report of the Intergovernmental Panel on Climate Change [Solomon, S. · Qin D. · Manning M. · Chen Z. · Marquis M. · Averyt K.B. · Tignor M. · Miller H.L.(eds.)]. Cambridge University Press, Cambridge, United Kingdom and New York, NY, USA.
[36] http://terms.naver.com/entry.nhn?docId=1397778&cid=43163&categoryId=43163
[37] http://web.kma.go.kr/kma15/2004/contents/200402_03.htm
[38] https://commons.wikimedia.org/wiki/File:Vostok-ice-core-petit.png
[39] 조천호(2017), 문명은 지성의 산물? 간빙기 맞아 덕보고 있는 것, 중앙선데이 : 4월 16일.
[40] 기상청(2015), 기후변화 2014 종합보고서 : 정책결정자를 위한 요약보고서.

[41] http://terms.naver.com/entry.nhn?docId=303184&cid=50330&categoryId=50330
[42] 산림청(2016). 40년 봄꽃 개화시기로 밝히는 한반도 기후변화. 보도자료 : 3월 31일.
[43] http://cfs2.tistory.com/upload_control/download.blog?fhandle=YmxvZzExODgwOUBmczIudGlzdG9yeS5jb206L2F0dGFjaC8wLzE3MDAwMDAwMDA5NS5qcGc%3D
[44] 최병국(2015). 해수면 상승 재앙, 기존 최악 시나리오보다 심각. 연합뉴스 : 8월 31일.
[45] http://mblogthumb1.phinf.naver.net/20130117_124/kordipr_1358403762597fXqyp_GIF/Untitled-2.gif?type=w2
[46] https://www.nationalgeographic.co.kr/feature/map.asp?seq=38&artno=68
[47] http://gerrymarten.com/human-ecology/chapter03.html
[48] https://www.animalsciencepublications.org/publications/af/articles/4/4/6
[49] http://www.fao.org/in-action/enteric-methane/background/why-is-enteric-methane-important/en/
[50] http://cdn.theworldweekly.com/files/DP_Cattle-methane-emissions.jpg
[51] 농림축산식품부(2016). 국민 1인당 육류 소비량 OECD 평균보다 적어. 보도자료 : 4월 15일.
[52] 송미경(2015). 세계 도시화의 핵심 이슈와 신흥도시들의 성장 전망. 세계와 도시. 제7호. pp. 46-55.
[53] Cui, Y. · Xu, X. · Dong, J. · Qin, Y.(2016). Influence of Urbanization Factors on Surface Urban Heat Island Intensity : A Comparison of Countries at Different Developmental Phases. 8. 706(DOI : 10.3390/su8080706).
[54] 김현미(2015). 기후변화와의 전쟁 선포한 아노테 통 키리바시 대통령. 주간동아 : 8월 3일.
[55] 이범진(2012). '평화의 섬' 투발루 · 키리바시 사라져 간다. Weekly공감 : 8월 26일.
[56] https://upload.wikimedia.org/wikipedia/commons/5/5e/Trends_in_global_average_absolute_sea_level%2C_1870-2008_%28US_EPA%29.png
[57] https://act.sealegacy.org/pages/face-of-climate-change
[58] 김병덕(2010). 북극 순종동물 줄고 잡종동물 는다. 파이낸셜뉴스 : 12월 20일.
[59] 곽성일(2015). 한반도 아열대화 빨라지고 있다 - (7) 아열대로 바뀐 바다와 수산물. 경북일보 : 9월 6일.
[60] 이영호(2017). '해수욕장 가기 무섭다'…'맹독성 바다뱀' 남해안 출몰. WOW한국경제TV : 6월 24일.
[61] 장예진(2011). '게릴라 폭우' 늘어…도시홍수 위험 증가. 연합뉴스 : 6월 8일.

[62] http://ttalgi21.khan.kr/2946 (로이터 자료)
[63] https://en.wikipedia.org/wiki/Flood#/media/File:Cyclone_Hudhud_destruction_in_Visakhapatnam_2.jpg
[64] https://en.wikipedia.org/wiki/Flood
[65] http://climateaction.re.kr/index.php?document_srl=156352&mid=news01
[66] https://en.wikipedia.org/wiki/Hurricane_Katrina#/media/File:Katrina_Bayou_La_Batre_2005_boats_ashore.jpg
[67] https://en.wikipedia.org/wiki/Hurricane_Katrina#/media/File:Katrina-new-orleans-flooding3-2005.jpg
[68] https://en.wikipedia.org/wiki/Typhoon_Mangkhut#/media/File:People_climb_over_trees_to_go_to_work_the_morning_after_Typhoon_Mangkhut_near_Immigration_Tower_in_Wan_Chai.jpg
[69] https://en.wikipedia.org/wiki/Drought#/media/File:Drought_affected_area_in_Karnataka,_India,_2012.jpg
[70] https://en.wikipedia.org/wiki/Wildfire#/media/File:Northwest_Crown_Fire_Experiment.png
[71] 차미례(2017), 캘리포니아 산불은 '새로운 일상' 성탄절까지 진화 못할듯, 뉴시스 : 12월 10일.
[72] 조용우 등 14명(2010), [기후변화 적응 역량을 키우자]〈1〉세계의 노력, 동아일보 : 9월 13일.
[73] 윤태중 · 조기종 · 이미경 · 정명섭 · 배연재(2010), 기후변화와 식품해충, 곤충연구지, 제26권, pp. 27-30.
[74] Maryn McKenna(2014), Changing Climate Will Create a Warmer, Hungrier World, NATIONAL GEOGRAPHIC : 7th November.
[75] Weekend Mirror(2013), Africa food crisis : UK pledges £35m to Malawi and Zimbabwe, Weekend Mirror News : 13th July.
[76] 김시헌 · 장재연(2010), 국내 기후변화 관련 감염병과 기상요인간의 상관성, 대한예방의학회지(Journal of Preventive Medicine and Public Health), 제43권 제5호, pp. 436-444.
[77] http://terms.naver.com/entry.nhn?docId=646873&cid=43124&categoryId=43124
[78] http://study.zum.com/book/14760
[79] http://blog.naver.com/PostView.nhn?blogId=iotsensor&logNo=220734060751&

redirect=Dlog&widgetTypeCall=true
[80] 한국풍력산업협회 홈페이지, http://www.kweia.or.kr/sub02/sub01.asp
[81] http://img.ytapi.club/vi/OpbVWCjH-AM/0.jpg
[82] https://www.youtube.com/watch?v=vWPfKiPSrml (동영상 캡처화면)
[83] 송찬영(2015), 보이지 않는 저주파 · 소음...주민 · 가축 스트레스 증가, 에너지경제 : 1월 19일.
[84] 원호섭(2012), 해상풍력의 비밀, 과학동아, 4월호, pp. 122-125.
[85] https://blog.naver.com/sam2934/221122478430
[86] http://tlight.kwater.or.kr
[87] 천영진 · 조범준 · 김태형(2011), 조력발전소 건설사업에 의한 해양생물상 영향 사례 고찰, 한국환경정책 · 평가연구원, KEI Working Paper 2011-10.
[88] 염기대(2002), 해양에너지 실용화 기술개발(조력·조류에너지), KORDI 2002 Anual Report, pp. 74-77.
[89] http://terms.naver.com/entry.nhn?docId=3588365&cid=40942&categoryId=32375
[90] 이영환(2009), 파도가 친다…500kW에너지가 꿈틀댄다, 조선일보 : 5월 21일. (원본의 출처 : 한국해양연구원)
[91] 안희민(2015), "바다에서 냉난방열 꺼내 쓴다"...해수온도차발전 '시동', 에너지경제 : 8월 27일.
[92] http://terms.naver.com/entry.nhn?docId=1390303&cid=50316&categoryId=50316
[93] 윤운상(2015.03.), 국내외 심부지열발전사업 및 기술현황, (주)넥스지오, '15년 지열 품질향상 및 보급활성화 워크숍.
[94] 박근태 · 박상용(2017), "지열발전소가 포항지진 방아쇠 역할" vs "일본 지진으로 지각 약화 탓", 한국경제 : 11월 24일.
[95] 김오열(2014), RPF〈폐플라스틱 연료〉 대기오염물질 발생 최고 1000배, 홍성신문 : 4월 30일.
[96] https://diamondsci.com/blog/harness
[97] http://susa.or.kr/ko/content/recovering-natures-strength
[98] https://ko.wikipedia.org/wiki/%EC%88%98%EC%86%8C#cite_note-5
[99] National Academy of Engineering · National Research Council · Division on Engineering and Physical Sciences · Board on Energy and Environmental Systems · Committee on Alternatives and Strategies for Future Hydrogen Production and Use(2004), The Hydrogen Economy : Opportunities, Costs,

Barriers, and R&D Needs, National Academies Press.
[100] http://www.mpoweruk.com/hydrogen_fuel.htm
[101] https://www.poscoenergy.com/renew/_ui/down/fuelcell_kor.pdf
[102] EDWARDS, P.P. · KUZNETSOV, V.L. · DAVID, W.I.F.(2007), Hydrogen energy, Philosophical Transactions of The Royal Society A, 365, pp. 1043–1056.
[103] http://terms.naver.com/entry.nhn?docId=2009658&cid=43667&categoryId=43667
[104] http://down.edunet4u.net/KEDLAA/14/C1/0/KERIS_BIZ_1C10142g34l.gif
[105] 이경인(2006), 수력발전 선진국 '외면' 개도국은 '관심', 가스신문 : 10월 9일.
[106] 이철재(2017), '말 많고 탈 많은' 수공의 해외 댐 건설사업, 오마이뉴스 : 12월 8일.
[107] 민경진(2007), 중국 "싼샤댐 환경재앙 심각한 수준", 오마이뉴스 : 9월 27일.
[108] http://www.calbiomass.org/renewable-energy
[109] http://www.quarkology.com/12-chemistry/92-production-materials/92C-ethanol.html
[110] 현윤경(2017), 유엔 "세계 기아인구 증가 반전…전체 인구 11%, 영양부족", 연합뉴스 : 9월 15일.
[111] Julia Tomei · Richard Helliwell(2015), Food versus fuel? Going beyond biofuels, Land Use Policy, 56, pp. 320–326.
[112] David Fuller(2014), The Ethanol Effect : Understanding Ethanol & What You Can Do to Protect Your Ride During Storage, On All Cylinders : 29th October.
[113] 여국현(2016), 차세대 석탄가스복합발전(IGCC) 기술과 CCS, 한국환경산업기술원, Konetic Report 2016-081호.
[114] https://terms.naver.com/entry.nhn?docId=3436527&cid=42346&categoryId=42346
[115] 김재호 · 서명원(2017), 국내외 IGCC(석탄청정가스화복합발전) 현황 및 지원제도 조사, 새만금개발청 용역보고서(용역수행기관 : 한국에너지기술연구원).
[116] https://www.differencebtw.com/difference-between-nuclear-fission-and-nuclear-fusion
[117] 한국전력공사(2017.06.), 제86호 (2016년) 한국전력통계.
[118] 권준범(2017), "전세계 원전비중, 앞으로 더 늘어난다", 에너지신문 : 9월 7일.
[119] 여영래(2018), [주요 광물가격 동향] 유연탄 · 우라늄 '상승'…철광석 등 4대 광종 '하락', 아시아경제 : 5월 9일.
[120] '대한민국 청와대' 홈페이지.

[121] 정형석(2016), 고준위 방사성폐기물 처리시설 비용 53조원에 달해, 전자신문 : 12월 22일.
[122] https://blog.naver.com/nfripr/221273420780 (국가핵융합연구소 블로그)
[123] '국가핵융합연구소' 홈페이지.
[124] 환경부(2014), 리플렛-온실가스 배출권거래제 소개.
[125] 김영일 · 문남중 · 이영한(2018), 탄소배출권과 주식시장, 대신증권 Global Issue : 3월 8일.
[126] http://www.iki-alliance.mx/wp-content/uploads/2015-01-26_DAY1_Presentation-Serre_Rationale-Overview-of-ETS.pdf
[127] The Climate Reality Project(2017), HANDBOOK ON CARBON PRICING INSTRUMENTS.
[128] Angeli Mehta(2015), China launches nationwide emissions trading scheme, CHEMISTRY WORLD : 6th October.
[129] 김영도 · 이지언 · 이보미(2017.12.), 탄소배출권 파생상품 시장 도입방안 연구, 한국금융연구원.
[130] 한종수(2018), 배출권거래제에 '숲 조성 사업' 첫 승인...미세먼지 줄이며 수익창출, NEWS1 : 4월 22일.
[131] 중앙일보(2015.05.21.), [사설] 탄소배출권 거래제, 환경 이전에 경제도 생각하자.
[132] 김나영(2015), 기상청, 기후변화 심각성 인식개선 나서, 투데이에너지 : 7월 28일.
[133] 김나영(2018), [분석]배출권거래제 '치킨런 게임'되나, 투데이에너지 : 4월 12일.
[134] http://www.energy.or.kr/web/kem_home_new/energy_issue/mail_vol34/pdf/issue_117_01.pdf
[135] 채덕종(2014), [특집] 차 · 포 뗀 배출권거래제···효과는 미지수, 이투뉴스 : 9월 29일.
[136] 송은하(2018), (사회책임)EU 기업들 올해부터 비재무 정보 공시 쏟아낸다, 뉴스토마토 : 1월 15일.
[137] http://www.pembina.org/reports/ccu-fact-sheet-2015.pdf
[138] 홍시현(2018), [5월 특집] CCU산업 '첫단추' 꿰다, 투데이에너지 : 5월 14일.
[139] https://hub.globalccsinstitute.com/publications/building-capacity-co2-capture-and-storage-apec-region-training-manual-policy-makers-and-practitioners/module-2-co2-capture-post-combustion-flue-gas-separation
[140] 임대현(2013), CCS(Carbon Capture and Storage)기술의 사업화 환경 분석, 한국과학기술정보연구원 : 11월 1일.

[141] http://www.global-greenhouse-warming.com/marine-ccs.html

[142] Gregor Rehder · Stephen H. Kirby · William B. Durham · Laura A. Stern · Edward T. Peltzer · John Pinkston · Peter G. Brewer(2004), Dissolution rates of pure methane hydrate and carbon-dioxide hydrate in undersaturated seawater at 1000-m depth, Geochimica et Cosmochimica Acta, 68, pp. 285-292.

[143] Mitchel Tsar · Mohsen Ghasemiziarhani · Koffi Ofori(2013), The effect of well orientation (Vertical vs. Horizontal) on CO2 Sequestration in a water saturated formation-saline aquifer in Western Australia, Society of Petroleum Engineers (https://doi.org/10.2118/164935-MS).

[144] http://www.seylenergy.com/shale_oil_and_gas.html

[145] https://en.wikipedia.org/wiki/Algae

[146] 채덕종(2014), [특집] 미세조류로 CO2 저감 · 바이오디젤 '일석삼조', 이투뉴스 : 9월 29일.

[147] https://en.wikipedia.org/wiki/Central_Park#/media/File:3030-Central_Park-The_Dairy.JPG

[148] https://en.wikipedia.org/wiki/Central_Park#/media/File:26_-_New_York_-_Octobre_2008.jpg

[149] https://upload.wikimedia.org/wikipedia/commons/2/23/Heckscher_Playground_and_Central_Park_South_skyline_from_Rat_Rock.JPG

[150] 유재국(2016), 스마트그리드 사업의 현황과 개선 과제, 국회입법조사처 현안보고서 제294호.

[151] 김성만(2014), 마이크로그리드 기술의 적용과 운영사례, Journal of the Electric World, Monthly Magazine 'November', pp. 37-44.

[152] http://enterprise-iot.org/book/enterprise-iot/part-i/energy/microgrids-and-virtual-power-plants

[153] https://terms.naver.com/entry.nhn?docId=3339445&cid=47323&categoryId=47323

[154] https://terms.naver.com/entry.nhn?docId=2112277&cid=50765&categoryId=50778

[155] https://ko.wikipedia.org/wiki/토머스_홉스

[156] BP Statistical Review of World Energy, June 2017.

[157] 양의석 · 이주리(2016), 러시아의 對유럽 천연가스 수출 역량 강화 전략, 에너지경제연구원, 현안인사이트 16-2호.

[158] 이성규 · 이지영 · 최윤미(2010), 북극지역 자원개발 현황 및 전망, 에너지경제연구원, 수시연구보고서 2010-03.

[159] http://blog.daum.net/gatsu00/49
[160] http://maps.grida.no/go/graphic/northern-sea-route-and-the-northwest-passage-compared-with-currently-used-shipping-routes
[161] https://www.ccair.org/dear-attorney-general-its-time-to-investigate-exxon
[162] 정종오(2018), 독일 환경운동가 "신재생에너지로 전환, 관련 법률이 중요하다", 에너지경제 : 3월 22일.
[163] https://terms.naver.com/entry.nhn?docId=637187&cid=42143&categoryId=42143
[164] https://terms.naver.com/entry.nhn?docId=637156&cid=42143&categoryId=42143
[165] http://www.businessinsider.com/antarctic-ozone-hole-is-healing-2015-5
[166] https://earthobservatory.nasa.gov/Features/UVB
[167] https://en.wikipedia.org/wiki/Sunburn#/media/File:Sun_burn.JPG

인류를 향한 경고,

기후변화

발행일 | 2019년 7월 1일

발행인 | 모흥숙
발행처 | 내하출판사

저자 | 차우준

주소 | 서울 용산구 한강대로 104 라길 3
전화 | 02) 775-3241~5
팩스 | 02) 775-3246

E-mail | naeha@naeha.co.kr
Homepage | www.naeha.co.kr

ISBN | 978-89-5717-511-8 (03400)
정가 | 17,000원

이 도서의 국립중앙도서관 출판예정도서목록(CIP)은 서지정보유통지원시스템 홈페이지(http://seoji.nl.go.kr)와
국가자료공동목록시스템(http://www.nl.go.kr/kolisnet)에서 이용하실 수 있습니다.(CIP제어번호: CIP2019023878)